乡村规划建设

（第6辑）

江苏省住房和城乡建设厅　主　编

江苏省城市发展研究所
江苏省乡村规划建设研究会　副主编

U0390040

商务印书馆
The Commercial Press
创于1897

2016年·北京

图书在版编目(CIP)数据

乡村规划建设.第6辑/江苏省住房和城乡建设厅
主编.—北京:商务印书馆,2016
ISBN 978 - 7 - 100 - 12237 - 5

Ⅰ.①乡…　Ⅱ.①江…　Ⅲ.①乡村规划—江苏省—
丛刊　Ⅳ.①TU982.295.3 - 55

中国版本图书馆 CIP 数据核字(2016)第 102845 号

乡村规划建设(第 6 辑)

江苏省住房和城乡建设厅　主　编

江苏省城市发展研究所
江苏省乡村规划建设研究会　副主编

商 务 印 书 馆 出 版
(北京王府井大街36号　邮政编码100710)
商 务 印 书 馆 发 行
北 京 冠 中 印 刷 厂 印 刷
ISBN　978 - 7 - 100 - 12237 - 5

2016 年 8 月第 1 版　　　开本 787×1092　1/16
2016 年 8 月北京第 1 次印刷　印张 7 ½
定价:38.00 元

目　　录

"2012 江苏乡村调查"首开国内省域乡村人居环境系统调查先河

——记"2012 江苏乡村调查"丛书首发仪式

2015 年 5 月 15 日,由江苏省乡村规划建设研究会、中国城市规划学会乡村规划与建设学术委员会主办,江苏省城市发展研究所、江苏省住房和城乡建设厅城市规划技术咨询中心、《乡村规划建设》编辑部承办的"2012 江苏乡村调查"丛书首发仪式暨美丽乡村营建学术研讨会在江苏省溧阳市举行。来自国内外乡村规划建设领域的 100 多名专家学者和江苏乡村规划建设研究会、中国城市规划学会乡村规划建设学术委员会代表参加了会议。

"2012 江苏乡村调查"丛书首发式由江苏省乡村规划建设研究会名誉会长、江苏省住房和城乡建设厅厅长周岚主持,江苏省乡村规划建设研究会会长、江苏省住房和城乡建设厅副厅长刘大威代表课题组介绍了乡村调查及丛书编撰情况;商务印书馆副总编辑李平介绍了丛书出版情况,东南大学韩冬青教授代表市域课题组负责人发言。吴志强、吴缚龙、张京祥、吴唯佳、李昌平、张晓红、叶兆言等与会专家对丛书进行了现场点评,现场还播放了未能到会专家的视频意见(图 1)。

图 1 "2012 江苏乡村调查"丛书首发式现场

"2012 江苏乡村调查"丛书共 14 本,由 1 本省域报告和 13 本省辖市报告构成(图 2)。丛书被列为 2014 年国家出版基金资助项目,于 2015 年 5 月由商务印书馆正式出版发行。"2012 江苏乡村调查"的初衷是指导江苏当代乡村建设实践,但调查的意义不止于此。2011

年，江苏启动实施"美好城乡建设行动"，全面推进"村庄环境整治行动"。为使村庄环境整治行动能够切合乡村实际、反映农民意愿，江苏省住房和城乡建设厅组织开展了乡村调查，采取"省厅统一组织、研究单位实施、知名专家领衔、县镇村组支持"的工作模式，由省内多家大学和研究机构组成13个调查组，动员了全省305名研究人员，在630多名基层工作人员的帮助下，深入农村开展田野调查和社会调查。通过对乡村的经济社会发展、人口土地状况、村庄聚落环境、空间形态布局、农房建设状况、基础设施情况以及农民人居意愿的系统调查，全面了解江苏乡村的现状实态，系统掌握了农民人居环境改善的意愿，进而有针对性地提出江苏乡村人居环境改善和乡村规划建设水平提高的策略。

图2 "2012江苏乡村调查"丛书

调查选取了全省283个不同类型的样本自然村，同时在每个村庄中选择了20户左右的农民进行面对面的访谈。调查历时15个月，实际踏勘里程54 617公里，涉及所有省辖市、49个县市、254个乡镇。累计绘制村庄现状和分析图纸2 410份，拍摄整理农村现状照片3 090张，发放村庄调查问卷283份、村民调查问卷5 848份，整理农民访谈录音5 428份。调查建立了江苏乡村人居环境现状数据库，形成了283个典型村庄个案的深度剖析报告，以及在统计分析、类型比较、空间分析、文献研究基础上形成了13份省辖市乡村调查报告和1份全省乡村调查报告，首开国内省域乡村人居环境系统调查的先河。在研究成果专家评审会上，评审组专家一致认为"2012江苏乡村调查，是继费孝通先生20世纪30年代'江村调查'后又一部深入全面研究江苏乡村发展的力作，是一份令人激动和感动的研究成果，其调查范围之广、调查深度之细致、动员的技术力量之多、获得的信息之丰富，都是开创性的。调查全面而详细地记录了当代江苏乡村人居环境发展现状，客观反映了当代农民对于乡村人居环境改善的真实意愿和现实需求，是一次人居环境方法论的成功探索，为中国现代乡村研究奠定了基础性工作，具有重要的现实指导作用和国际比较研究价值"。专家一致建议，这样系统的调查成果，具有广泛的学术研究价值，应整理出版，与国内学者和乡村研究者分享。

依据"2012 江苏乡村调查"的结论，遵循"从实践来，到实践中去"的原则，江苏村庄环境整治行动从农民最需要解决、最有条件解决的项目入手，确定村庄环境整治工作的重点。不搞大拆大建，尽量不动农民的房子，从整治村庄生活垃圾、提供清洁的自来水、改善道路条件、清理河塘、增加健身活动场所等做起，这既保存了传统村落肌理，保护了农民利益，也让村庄可以因村制宜、量力而行地推进人居环境改善。通过村庄环境整治工作的开展，不仅极大地改善了江苏的乡村面貌，也激发了农民参与村庄环境建设的热情，得到了农民的广泛支持，成为深受农民群众欢迎的民生工程。在 2013 年"江苏公共服务满意度民意调查"中，村庄环境整治行动的满意率达到 87.3%，位列第一。"村庄环境整治苏南实践"获得 2014 年度"中国人居环境范例奖"，"江苏省村庄环境改善与复兴项目"被亚洲银行东亚可持续发展知识分享中心评为"2014 年度最佳实践案例"。

"2012 江苏乡村调查"丛书作为江苏乡村调查研究的全景呈现，得到了业内知名专家及与会嘉宾的肯定和好评。

吴良镛　【中国科学院、中国工程院院士，国家最高科技奖获得者】

江苏近年来围绕乡村人居环境所行之乡村调查，村庄环境整治的实践，乡村建设的学术探讨，既丰富了人居环境科学的地方实践，亦是美丽中国的现实探索。

齐康　【中国工程院院士，建筑学家】

这次开展的乡村调查很有前瞻性，对今后的工作有指导意义。要及时思考如何把这些调查普及化，让老百姓都知道，都能看得懂。

仇保兴　【住房和城乡建设部原副部长，中国城市科学研究会理事长，中国城市规划学会理事长】

江苏乡村调查和美丽乡村建设思路正确、效果明显。"一对一"的农民意愿调查更是一份真实的时代记录。江苏把乡村建设好、绿色化，为中国生态文明建设留下了一份生动教材。

石楠 【国际城市与区域规划师学会（ISOCARP）副主席，中国城市规划学会副理事长兼秘书长】

这套丛书不仅是一份沉甸甸的研究成果，而且具有很重要的政策价值，对科学决策能够起到非常重要的支撑作用。调查动员了省内多家院校和多位重量级专家，通过深入一线、发现问题，从学术研究的角度对乡村建设、管理、发展提出建议。因此，这项调查不仅是政府部门的工作，对学科建设发展也是一项基础性工作。在我看来，一切研究工作、一切政府工作都应从调查研究开始，江苏做了一个很好的示范。

吴志强 【同济大学副校长，中国城市规划学会副理事长，瑞典皇家工程学院外籍院士】

这套丛书可以成为当前制定城乡政策、规划、设计的重要依据。丛书至少有三个方面的价值：一是可以让读者认识中国；二是可以让读者认识处于急速转型时代的农村状况；三是可以教育国人自身，留住中国文化根基。希望这项研究不要停下来，持续做下去，变成一个可持续的常态工作。同时，建议将这套丛书翻译成外文，让世界通过这套书认识中国。

吴缚龙 【英国伦敦大学学院巴特雷规划讲座教授，英国国家社科基金会颁发的卓越国际影响力奖获得者】

这是一套对中国当代乡村进行系统详尽调研的丛书。今天，这套书的出版把江苏乡村研究的传统延续了下去，而且提到了更高、更广的层次。丛书内容多面广，具有很强的系统性和非常珍贵的史料价值。在未来的几十年，这套书将为学者进行中国乡村研究、为政府制定政策带来诸多有价值的参考。

刘立仁 【江苏省政府参事，江苏省农林厅原厅长，江苏省农村问题专家】

这套丛书的问世是江苏村庄环境整治的重大社会成果之一。村庄环境整治是全省经济社会工作的重要出彩点，经过几年努力取得了重大成效，全省村庄环境得到普遍改善，广大农民群众的精神面貌也得到提升，进而推动了农村经济的发展。农民群众对整治成效的认可超出了预期。由此，乡村调查这套丛书很有现实意义，对全省村庄整治工作发挥了重要的指导作用。

崔功豪　【南京大学建筑与城市规划学院教授】

　　丛书涵盖了当代乡村的基本要素，包集产业、人口、空间、文化，集乡村研究调查的大成；出自于领导的关注、专家技术人员的通力合作、广大干部和村民的支持，是一部大协作的科学成果；如果说费老的《江村调查》是近代史上非常重要的关于乡村的力作，那么这套书则是现代化进程中一个发达省份当今乡村的鲜活写照，是一次开创性的探索，是非常有价值和现实意义的科学之著。

张京祥　【南京大学建筑与城市规划学院教授，江苏省乡村规划建设研究会副会长】

　　这是两个时代的对话，从 80 年前费孝通先生的乡村个案调查，到今天江苏全省的乡村调查，这项工作在江苏乃至中国的乡村发展史上都具有划时代的意义；这套书是物质与人文的结合，全景式地记录了江苏乡村的现实境况，多角度记录了江苏乡村的发展现状，为江苏乃至中国的乡村研究提供了重要的基础，同时这套书是理念与价值的升华，启迪我们对美丽中国新型城镇化的深刻思考。这对美丽中国新型城镇化的一系列发展目标的实践，都有重大的基础性贡献。

吴唯佳　【清华大学建筑学院教授、城乡规划系主任、建筑与城市研究所副所长】

　　江苏注重乡村基础调查研究和乡村建设工作的村民参与，将农民对于生产生活改善的意愿与地方政府政策很好地结合起来，是一次成功的人居环境方法论的地方探索。

李昌平　【中国乡建院院长】

　　此次江苏乡村调查是一个扎实、立体的基础性研究工作。研究成果不仅让我们重新认识了乡村，而且对我们未来开展乡村研究具有非常重要的参考价值。同时，这套由不同专业背景同行编著的丛书，不仅能作为我们团队实践的良好参考，对中国乡村规划发展也具有很强的实践指导意义。

张晓红 【浙江省城市化发展研究中心主任】

从这套丛书本身，我深切地感受到江苏在开展乡村工作过程中的精细度、系统性和深刻度。未来，希望通过江浙两地的相互交流，促进乡村人居环境改善工作的共同提升。

叶兆言 【江苏省作家协会副主席，著名作家】

这是一套充分体现文化力量的丛书。一般的文学作品只能影响到一般读者，但今天这套书，影响的是有可能改变今天中国社会命运的一批人。丛书全面客观地记录了当代江苏乡村实态，反映了农民对乡村人居环境改善的真实愿望。这种客观记录能使未来的乡村规划建设变得更扎实。希望这套书能够影响中国，改变未来。

李平 【商务印书馆副总编辑】

这套丛书以其全面、详实、系统的数据和实践成果，成为中国在快速工业化、城镇化和现代化过程中，乡村演化的一个历史切面研究，一个省域内不同地区、不同类型的典型村庄特定历史时期的系统记录，具有深远的历史意义和保存价值。

当代中国城乡正经历着深刻的变革，亟须研究在城镇化、工业化、信息化和农业现代化进程中的乡村规划、建设、发展与复兴问题。遗憾的是，相对于汗牛充栋的城市研究，当代乡村研究较为缺乏，"2012江苏乡村调查"丛书出版的目的在于抛砖引玉，希望引发社会与同行的更多关注，共同致力于中国城乡二元结构的改变以及和谐城乡关系的构建，推进城乡发展一体化。

美丽乡村营建研讨会专家发言观点

编者按 2015 年 5 月 15 日,由江苏省乡村规划建设研究会、中国城市规划学会乡村规划与建设学术委员会主办,江苏省城市发展研究所、江苏省住房和城乡建设厅城市规划技术咨询中心、《乡村规划建设》编辑部承办的美丽乡村营建学术研讨会在江苏省溧阳市举办。与会专家围绕美丽乡村营建、乡村可持续发展、村民意愿与乡村规划、乡村规划理念与技术方法等方面做了学术报告。本辑对研讨会专家观点进行编辑整理,以资借鉴。

● 乡村的可持续发展与乡村规划展望

(张尚武:同济大学教授,中国城市规划学会乡村规划与建设学术委员会主任委员)

乡村的可持续发展是国家新型城镇化的核心问题。中国的"新型城镇化"道路如果成功,其最大的贡献和意义将在于一个农业大国在城镇化过程中,在实现城市现代化的同时同步实现了乡村的现代化转型。乡村的现代化转型包含四个方面的内容:乡村经济的可持续发展、乡村社会的活力、乡村文化的复兴以及乡村生活环境的现代化。

对乡村规划本质的认识。乡村规划的本质是在城镇化过程中维护乡村地区的稳定和健康发展,进而重塑其可持续发展的活力。这是乡村规划的基本出发点,也是乡村规划的必要性和存在价值。乡村规划有助于我们看清规划的本源和体系重构的问题:①关于规划的意义,其实更多地在于干预市场的时效,而不是增长问题,特别是对于乡村来讲,其面临的是非增长问题;②关于规划的方式,乡村是一个自组织的系统,和城市的运行方式不同,乡村需要民主的、精心的规划;③关于规划的内容,乡村面对的主要是更新的实际问题,所以规划要思考如何解决目标和行动的关系;④关于规划的手段,从乡村的发展问题可以看到,规划不应该只是技术的规范,更多的是关于社会层面的政策内容。

对乡村规划发展的认识。①乡村发展特点和规律研究。这类研究应建立在乡村调查的基础上,对乡村的历史发展规律、运行特征、空间和社会的组织运行方式进行认识。②乡村社会治理和政策研究。乡村的社会治理现代化是真正实现乡村现代化的基础。要关注的内容包括乡村社会治理模式、宏观层面的制度创新、城镇化的政策设计问题以及乡村规划的干预方式。③乡村规划理论和方法研究。一是乡村规划的知识体系;二是乡村规划的思想体系;三是乡村规划的内容体系;四是乡村规划的方法体系。乡村规划内涵上具有区域规划、更新规划、社区规划的特征,同时其类型具有多样性,实施主体和需求差异对应的规划目标与内容方法不同。乡村类型的多样性决定了方法的多样性,公众参与是树立乡村规划价值导向的一种基本路径。④乡村规划实践与实施机制研究。要寻求基于地方性的规划方法，在实践中解决乡村规划碰到的实际问题，通过规划实践完善乡村规划的体系和工作方法。

● "在地性"——美丽乡村营建的重要基石

（王建国：东南大学教授，江苏省乡村规划建设研究会副会长）

"在地性"是乡村人居环境多元性和实效性保障的重要基础。乡村聚落是全世界地域人居环境特色体现、表达和持续成长的主要载体。乡村聚落的建筑形式和空间格局一般对气候条件和地理环境具有高度的依赖性，因此也使其具有明显的"在地性"。历史上乡土建筑不会离开特定的"在地性"，包括：从特定的地域物产禀赋产生的建筑材料就地取材；由世代相传、因袭式和实效性带来的建筑建造方式；以特定社区生活圈（如以姓氏祠堂为中心的社会组织形式）为基础的生活和审美习性造成的"五里不同俗，十里不同风"的地域差异等。根据泰州乡村调查和国际相关文献检索，研究提出用五个关键字来表达对乡村环境的认识，即"人、文、地、产、景"。"人"指乡村的人口结构、人口密度、人群分类等；"文"指历史文化延续，如文物古迹等；"地"指地域的环境特点；"产"指经营的产业类型，如特色产业；"景"指人的互动空间，这与外界的感知有较大关系。基于五个方面的要素，通过图解的方式对泰州乡村属性进行归类分析，同时分析泰州乡村的居民行为与空间特色等。

基于乡村改善和营建的策略。①自然策略。建筑要尊重地域的气候和场地自然特征，挖掘独特自然资源所能形成的特色，有意识地保存乡村生活环境与山水的相互依存关系。②人文策略。保护和合理利用乡村聚落形态格局和建筑遗产，继承经由"在地性"的自然要素、风土习俗、方言、材料、建造工艺形成的建筑文化传统（如泰州的建房口诀）。规划设计师在整治、改造和新建时，应该注意汲取、凝练和抽象乡村传统空间组合的原型，创新并丰富适合于乡村建筑的设计语言。③技术策略。一是传统技术，即保护继承传统工艺、旧材新用、局部再现传统工艺之精美；二是适宜技术，即在现代建造技术的大前提下，改良部分传统技术，发展适用于乡村建筑的适宜技术，提高材料和构造性能，提升建筑的物理环境品质。

美丽乡村营建的五条准则和建议，包括：①基于地域环境特色的多样化人居环境保育；②基于建筑历史文化价值的多元性建筑环境营造；③基于特色产业发展的个性化乡村经济发展指导；④基于基础设施提升的宜居化乡村人居环境提升；⑤基于建筑性能提升的乡村住宅改善。

● 德国乡村发展和特色保护传承的经验借鉴

（吴唯佳：清华大学建筑学院教授）

德国乡村规划的发展阶段。战后不同时期，德国对于乡村发展的认识在不断转变，总体上经历了四个发展阶段：①"二战"结束至 20 世纪 70 年代中期，乡村地区的整治重点关注农业土地结构和基础设施的调整；② 20 世纪 70 年代中期至 80 年代初期，受欧洲文化遗产保护运动的影响，乡村更新和规划工作开始重视文化保护；③ 20 世纪 80 年代至 90 年代，从乡村地区整体发展的角度，重视乡村更新和开发工作；④ 20 世纪 90 年代末至今，面对全球化等问题的挑战，结合欧盟的相关农业政策和区域整体发展政策，重新构建乡村地区的地位。

德国的乡村规划和发展策略。德国乡村规划涉及多个层次，上至欧盟、联邦，下至州、县区、自治区，其关系可通过财政架构来反映。乡村规划的资金由欧盟提供 50%，联邦提供 25%，州以下提供 25%。德国乡村更新规划的制定和实施以相应的法规为基础，其核心法规是《建设法典》和《田地重划法》。德国乡村地区发展策略是通过跨镇域战略方式来鼓励乡村发展，发展农村地区的生活、工作、娱乐和自然生态区。其目的是充分发挥不同领域的管理行动，结合乡村地区特点，发掘区域网络的相互作用。除了上述策略，德国还实施了德国农村竞赛制度（自 1961 年开办至今）。竞赛的主要内容包括经济创新、社会与文化生活、建造与发展、绿色与发展、景观中的农村五项。通过农村竞赛机制不但可激发农村自主发展的潜能，还具有示范观摩效果，成为德国推动农村相关计划的整合平台。

在发展策略和规划工具方面，德国乡村分为开发建设地区和乡村发展地区两个层面。开发建设地区落实土地利用规划和建设规划，乡村发展地区落实乡村、农业发展项目和田地重划。其中，土地利用规划主要是根据地方公共部门对于当地发展的设想，将全部行政区域纳入规划范围，并对土地利用的各种类型做出初步规定；建设规划具有法律约束效力，其依据土地使用规划的基本原则和要求，对建设用地地块层面上的建设指标给出详细规定。

德国乡村发展的主要经验：①注重一致性，德国乡村发展的规划、政策、工具拥有与联邦、州协调一致的基本理念；②强调特殊性，重视各政策实施的针对性及其在乡村发展的整体系统中的效果评价，并及时予以调整；③注重参与和激励，即关注农民参与和多方激励机制。

● 尊重村民意愿的规划

（李京生：同济大学建筑与城市规划学院城市规划系教授）

村民意愿纳入规划是一项重要任务。《城乡规划法》第十八条规定："乡规划、村庄规划应当从农村实际出发，尊重村民意愿，体现地方和农村特色。"但由于我国有着自上而下的管理体制，国家权力全面深入到乡村，国家性授权的权威往往较大。在村庄自治中出现的纠纷在本村无法解决时，还需要依靠上级行政部门介入解决。因此，《城乡规划法》第二十二条又规定："乡、镇人民政府组织编制乡规划、村庄规划，报上一级人民政府审批。村庄规划在报送审批前，应当经村民会议或者村民代表会议讨论同意。"所以，乡村规划有别于城市规划的审批制度，属于双重决策体系，乡、镇人民政府是编制主体，乡、镇上一级人民政府是审批主体，村民是利益主体。

村民意愿的构成与特点。村民意愿的构成包括：①村庄发展意愿，如各类资源的利用、公共事务等；②村民生产意愿，如产业发展、生产组织和利益分配；③村民生活意愿，如生活环境、文化传承；④资产保护意愿（家庭和个人资产的保护）。其中，村民意愿的特点体现在：①集体和个体、发展、生产、生活和资产保护之间的高度关联性；②反映真实的情况和需求是规划编制的基本依据；③具有局限性，乡村社会激烈变迁中的农民是理性和非理性的矛盾体。传统农民的价值观趋向于务实，但狭隘、封闭、强调人际关系，进取与保守并存、均平与特权并存、重义轻利和追求功利并存。当代农民价值观则比较开放，有市场观念、竞争观念和契约精神。

尊重村民意愿的乡村规划需注意的几个问题。在现有乡村规划编制和审批过程中，作为主体部分的村民却往往没有参与进来，而是沿用城市规划方法编制，编制过程不透明；村民被动选择，利益主体缺失；过分专业的规划内容庞杂，且缺乏针对性和实施性。为此，未来乡村规划应注意以下三点：①乡村规划是所在地区所有居民创意和理解的集中，包含土地利用控制、个人权限的制约以及资产再分配等社会公平性，必须通过法定程序才有效；②规划作为一个有组织的学习过程，目的是为了相关人的成长和相互理解，进而成为村民自治和社区振兴的重要手段，也是一个慎重选择的过程，因此，规划的权威性体现在对村民意愿尊重的基础上；③规划编制组织不应仅由政府和专家组成，可以成立规委会组织委托专业部门开展编制工作。

● 浙江实践——美丽乡村建设的再认识

（张晓红：浙江省城市化发展研究中心主任）

浙江自2003年开始启动"千村示范、万村整治"工程，至今历时13年，期间共对1万个行政村、3万个自然村开展了改建、拆并、扩建、复兴和美丽乡村建设，全省乡村发生了翻天覆地的变化。经过十多年的探索实践，浙江美丽乡村建设的成效主要体现在：①在政府决策方面，为提高国民生存质量和城镇化质量做出巨大贡献，随着农村生产生活环境的改善，农民享受到了现代社会的福利，更多人愿意保留农村户籍；②在乡村建设方面，从树立"示范美"、力争"大家美"，到提升"内涵美"，初步形成了以"美丽乡村"建设规划为龙头、系列专项规划相互衔接的规划体系；③在乡村产业方面，一是借美发展乡村休闲旅游，二是借势培育农村新型业态，三是借力壮大村级集体经济。与此同时，当前浙江乡村建设面临如下不可回避的现状：乡村建设社会结构的变化，即由宗族制度向村民自治的转变；乡村建设主体身份的变化，即由居住者向从业者的转变；乡村建设重点的变化，即由建设向管理的转变；以及乡村建设行政机制的固化等。

关于浙江美丽乡村建设路径的再认识。①美丽乡村建设的路径要可复制。大规模大成本的投入无法复制，不能被推广，因此对规划编制、资金项目规范管理、建设标准等应有一般性的统一要求，以便对今后的建设进行指导。②美丽乡村建设特征要可辨识。美丽乡村建设应当因地制宜，尊重差异性，才能发掘自身特色。③美丽乡村建设的发展要可持续。只有美景没有美德，美景是保不住的。美丽乡村建设不仅要促进人与自然的和谐相处，注重生态文明建设，还要弘扬传统文化，充实农民的精神，更要调动广大农民的积极性，才能建设可持续发展的美丽乡村。

● "实效指向"——关于乡村规划的思考与实践

（梅耀林：江苏省住房和城乡建设厅城市规划技术咨询中心主任）

乡村规划成为当前热点并面临困境。当前，国家、地方因大量的建设需求而关注乡村规划，规划界、学术界因大量的规划实践而研究乡村规划，社会各界因大量建设成果而热议乡村规划。但乡村规划仍存在着一定的困境，主要原因是大部分专业技术人员对村庄一知半解，对农民了解不够，导致规划脱离实际，成果庞杂无效，实施者无从着手。更深层次的原因是有关乡村规划的法律、法规及标准与城市规划相比不足，规划编制体系、实施管理体系不够完善，仍延续着城市规划的思维、手法。

乡村规划体系重构。乡村规划的目标是关注人居环境提升与精明紧缩，是更新而不是开发。乡村规划体系可以分为三个层次：一是县、镇域片区的乡村总体规划；二是村域（行政村）的村庄规划；三是村庄（自然村）的村庄建设规划。

乡村规划要素提炼。乡村规划区别于城市规划，其关注内容具有独特性、复杂性，为了明确重点，让规划"有所编、有所不编"，根据人居环境科学相关理论和乡村聚落体系形成及演变机制相关研究，可提炼乡村规划的核心要素为"人、地、产、居、文、治"。"人、地、产"是城乡之间的基本要素，是聚落形成的必要条件。"居、文、治"作为特征要素，是现阶段城乡之间差异所在，也是乡村规划关注的重点和需要解决的核心问题。"人"不仅是"量"，更是"缘"，实现可持续的乡村复兴及发展，要有"人"的持续居住，"以人为本"的理念需首要体现。规划的宗旨应是为原住村民服务，村民日常生活带有深深的田园肌理痕迹，是"乡愁"不能抹掉的部分。"地"关注利用，更关注权属。规划是围绕空间来展开的，特别是乡村地区，以农业为主的生产方式决定了乡村对土地的依赖，人与地的联系紧密。"产"落实布局，更应激活资源。发展乡村产业关键在于提高农民收入，研究乡村产业关键在于提供物质载体。"居"关注空间，更应关注功能。"居"是村民生活的物质载体，规划必须重视看得见、摸得着及真正使农民得到实惠的日常生活环境。"文"关注"土"，也应兼顾"新"。乡村延续着相对传统的生活方式，对传统价值观、道德、风俗、行为规则等精神文化给予了最大的尊重与保留；若产业为乡村塑形，文化则为乡村塑魂。"治"实现自治，关注管控。相比于城镇，乡村地域具备鲜明的自治传统和高度自治化的基层现实。

乡村规划方法优化。一是"多听"，即紧密联系实际，通过多方式切实了解乡村，倾听农民的切实想法（不仅是需求），多向农民学习；二是"巧说"，即灵活有效，拒绝"规划八股文"，根据需求的不同灵活确定规划内容、深度和表达方式，并让实施者听懂；三是"实做"，即能落到实处，通过具体政策措施、实际工程计划等方式落实规划意图，指导规划实施。

● 超越线性转型的乡村复兴——高淳区大山村与武家嘴村的比较

（张京祥：南京大学教授，江苏省乡村规划建设研究会副会长）

中国乡村发展的主要类型。学术界通常把中国的城镇化以 50% 的水平为界分为所谓的"上半场"和"下半场"。如果说中国城镇化的"上半场"是以城市发展、"单兵冒进"取得了所谓的成功，那么乡村发展将直接关系到中国城镇化"下半场"的成败。在城镇化"上半场"过程中，中国乡村发展基本上分为四种类型：第一种是被城市兼并型，大面积的乡村消失了；第二种是衰败消亡型，即一些乡村在自然演进过程中，由于没有任何竞争力而造成人口要素外流等现象；第三种是乡村城镇化型，如华西村、武家嘴村等走了一条乡村工业化、乡村城镇化的道路；第四种是乡村特色发展型，如郝堂村、大山村等。

南京市高淳区武家嘴村和大山村两个典型村庄发展路径比较。武家嘴村从最初的船舶运输业开始，逐渐形成涉足造船、旅游、酒店等产业的庞大投资集团，号称"金陵首富村"；大山村是"国际慢城"中以乡村旅游为特色的典型村庄。这两个村庄都是乡村再发展的旗帜和样板，但其发展路径和产生的效果是不同的，主要体现在三个方面。①乡村经济。从经济学的角度看，两村都非常注重品牌营销，即借助"乡村"品牌的营销放大效应，实现了村庄在尺度上的跃迁和能级上的提升。但武家嘴村是"后集体主义"的典型，一是统分相结合的生产方式，即以单个船户的个体经济为主体，共同分享"武家嘴"品牌；二是价值理性与工具理性的双重体现，即追求社会主义集体富裕的精神理念；三是优厚的政治和社会资本，即"武家嘴村"的品牌具备高度的政治意义，获得了地方政府的大力支持，而大山村的复兴相对较晚，是近些年来随着消费主义时代的到来，借助国际慢城品牌发展起来。在村民收入方面，武家嘴村非常富裕，但利益分配不均；大山村藏富于民，但政府得利不多。②乡村空间。武家嘴村经历了多次扩张，2002年以树立"新农村建设典范"的名义在县城北部划出约340亩的国有性质土地，形成植入型"飞地"。武家嘴村空间扩展与转移的社会影响包括以下三个方面：一是植入型"飞地"带来的有利影响，即在享受县城基础设施、公共服务保障的基础上，仍维持着村民的自治管理和明星村集体的归属；二是物质性与精神性层面乡村原真性丧失，即村庄原本紧凑的社会组织构造、相似的生活方式和亲密的人际关系逐渐消失；三是老村的边缘化，即老村的生活品质与县城的新村存在明显落差，成为被忽略的空间主体，大山村在乡村复兴过程中，主要是农业格局、农业种植形态的变化，以集中流转土地经营权的方式实现了全村农业产业化经营。③乡村文化。大山村对传统习俗的继承和发扬情况要更好些，保留着村集体活动和传统手艺，而在宗族权威、大事集体商议等方面，武家嘴村村民的认同感要大于大山村的村民。对于乡土文化的延续性，武家嘴村村民并无太多乡土情结，具有更加明显的城镇化的倾向。

乡村复兴的主体路径应遵循一个超越以往"乡村工业化"、"乡村城镇化"的非线性转型过程。①乡村"线性转型"过程中，乡村本身的特性会在产业形态、物质景观、乡土文化等方面丧失（异化）。以武家嘴为代表的"乡村"是基于政治、经济共同体目的而被强化的"标签"，社会文化共同体的凝聚力变弱，其未来的发展趋势应当是城镇化。②超越"线性转型"的大山村模式，代表着乡村复兴的本源目的和深层内涵。大山村传统的乡村特质与属性得以保留，并对城市形成一种独特的"乡村文化"输出，彰显了乡村本该具有的特色和价值。乡村在整个城镇化系统过程中不再是被动的追随者、失血者，有助于中国顺利完成城镇化进程"下半场"的宏伟目标。③对美丽乡村建设行动"涂脂抹粉"批判的再认识。美丽乡村建设行动一度被判为"乡村美化运动"、"涂脂抹粉"。桃米村的"乡村营建"、郝堂村的"乡村共同体"等在组织工作方面很有示范意义，但是广大的乡村也需要自上而下的外在推动。美丽乡村建设产生了"链式反应"，即空间美化—业态转型—收入提升—人口回流—社区认同—村民自治—乡村复兴，超出了当初"美化工作"的预期，而社会空间统一体理论的核心是人营造空间，空间重塑社会。

新型城镇化背景下江苏镇村布局规划的实践与思考

张 鑑 赵 毅

摘 要 镇村布局规划是以自然村庄为研究对象的空间规划，科学合理的镇村布局规划有助于引导形成相对稳定的镇村空间体系，是新农村规划建设的基础，是留住乡愁记忆的重要手段，也是实现城乡统筹发展的重要举措。本文简述了镇村布局规划的内涵与作用，分析总结了新型城镇化对镇村布局规划的新影响和新要求，在回顾江苏镇村布局规划工作实践的基础上，对优化镇村布局规划的背景任务、关注重点等进行了系统的思考，以期对江苏优化镇村布局规划工作进行探讨。同时，也借本文与业界同行进行交流。

关键词 新型城镇化；镇村布局规划；江苏省

1 镇村布局规划的内涵与作用

自然村庄是村民在乡村地区自然环境中长期聚居而自然形成的村落，是乡村地区的空间集聚单元，是农民生产生活的主要场所和乡土文化、乡村风貌的空间载体。镇村布局规划是以自然村庄为基本单元、以分类引导为重点内容、以服务设施配置为支撑保障的空间规划，科学合理的镇村布局规划有助于引导形成相对稳定的镇村空间体系，是新农村规划建设的基础，是留住乡愁记忆的重要手段，也是实现城乡统筹发展的重要举措。在当前新型城镇化的背景下做好镇村布局规划工作，有利于推进城乡空间优化和土地综合整治，保护基本农田，加快农业现代化进程；有利于推进乡村集约建设，科学引导村民建房，避免过程性浪费；有利于引导公共资源配置和公共财政投向，促进城乡基本公共服务均等化；有利于促进农民就地就近就业，积极稳妥地推进新型城镇化和城乡发展一体化。

2 新型城镇化对镇村布局规划的新要求

党的十八大以来，走新型城镇化的道路，成为我国城乡发展的重要指南。如果说传统

作者简介

张鑑，江苏省住房和城乡建设厅副厅长，研究员级高级工程师，注册城市规划师；
赵毅，江苏省城镇与乡村规划设计院副院长，研究员级高级规划师，注册城市规划师。

城镇化更多关注城镇和工业建设的话，那么新型城镇化就是从城镇的单视角转向城镇和乡村协调发展的双视角，从工业推动的单一路径转向工业、服务业、农业互动发展的多重路径。因此，在新型城镇化的过程中，工作重点必然会逐步从大城市向中小城市（镇）和乡村转移，相关政策制定也将会更加关注乡村、关注农民。就镇村布局规划而言，在新型城镇化背景下应更加关注以下四个方面。

2.1　农民市民化：积极稳妥地推进城镇化，促进城乡发展一体化

2013 年中央城镇化工作会议指出："城镇化是一个顺势而为、水到渠成的自然历史过程，要有序推进农业转移人口的市民化，避免指标化、大跃进式的城镇化发展。"2015 年中央"一号文件"也提出："要发挥好新型城镇化对农业现代化的辐射带动作用，分类推进农业转移人口在城镇落户，保障进城农民工及其随迁家属平等享受城镇基本公共服务。"

城镇化必然带来城乡经济、社会、文化、空间的重构，镇村布局规划作为乡村空间发展引导的规划依据，应准确把握城乡人口结构、劳动力就业结构的变化趋势，注意与当地经济社会发展水平和城镇化、工业化进程相适应，加大公共资源向农村的倾斜力度，城镇基础设施向农村延伸，社会公共服务向农村覆盖，城市生活方式向农村辐射，促进农业转移人口市民化和基本公共服务均等化。

2.2　致富有出路：推动乡村产业发展，引导农民就地就近就业

党的十八大报告提出："坚持走中国特色新型工业化、信息化、城镇化、农业现代化道路，推动信息化和工业化深度融合、工业化和城镇化良性互动、城镇化和农业现代化相互协调，促进工业化、信息化、城镇化、农业现代化同步发展。"新型城镇化要求"必须尽快从主要追求产量和依赖资源消耗的粗放经营转到数量质量效益并重、注重提高竞争力、注重农业科技创新、注重可持续的集约发展上来，走产出高效、产品安全、资源节约、环境友好的现代农业发展道路"。

因此，新型城镇化与乡村产业相辅相成、共同发展。乡村产业崛起、农业现代化发展是新型城镇化建设的基础与根基，而新型城镇化的快速推进也可以反过来解放农村被束缚的生产力，有效带动和引领农村劳动力转移和产业升级，促进农业适度规模经营和农业专业化、标准化、规模化、集约化生产。镇村布局规划应当统筹城乡发展，综合考虑经济发展、社会服务、文化传承和乡村空间等要素，关注农村产业发展对乡村地区生产、生活空间的影响，为农业现代化、乡村旅游、传统手工业等产业发展创造空间条件，保持乡村发展动力，让留下来的农民能够就地就近就业致富。

2.3　乡愁有所寄：保护和培育乡村特色，留下乡愁记忆

2013 年中央城镇化工作会议提出：要让城市融入大自然，体现"尊重自然、顺应自然、天人合一"的理念，延续城市历史文脉；让居民"望得见山、看得见水、记得住乡愁"；同时强调要"保留村庄原始风貌，慎砍树、不填湖、少拆房，尽可能在原有村庄形态上改善居民生活条件"。然而，在快速城镇化的过程中，以农耕经济为主导的"乡村社会"正向以工业经济为主导的"城市社会"转型，自然村数量不断减少，乡村特色逐渐消失，随之消失的也是众多人对乡愁的记忆。乡愁记忆是建立在乡村原有空间形态基础上的，城镇的扩张不但令许多自然村落逐渐消失，更重要的是乡村空间特色和文化积淀也在逐步丧失。

镇村布局规划要充分尊重农民的生产、生活习惯和乡风民俗，保持完整的乡村社会结构，增强乡村发展活力，尽可能在原有村庄形态和肌理上改善居民的生活条件，注重挖掘培育和保持乡村自然与人文环境的原真性，彰显村庄特色，保护好乡土文化和乡村风貌，让乡愁有所寄。

2.4　权益有保障：遵循村庄发展规律，尊重村民意愿

村庄的建设发展是一个长期的过程，若干年的实践证明，项目带动拆迁、建设集中居住区的模式在当前土地资源紧张、资金紧缺等现实条件下已经难以为继。因此，要坚决避免不切实际的大拆大建、迁村并点、赶农民"上楼"等现象。2014 年中共中央、国务院在《关于加快发展现代农业进一步增强农村发展活力的若干意见》中提出："农村居民点迁建和村庄撤并，必须尊重农民意愿，经村民会议同意"，"不得强制农民搬迁和上楼居住"。同年，江苏省委、省政府发布的《关于全面深化农村改革深入实施农业现代化工程的意见》也再次强调，"在农民集中居住点建设和村庄环境整治中，尊重农民意愿，不强行撤并村庄、赶农民上楼。"

因此，在新型城镇化的时代背景下，镇村布局规划的优化调整应当坚持以积极稳妥推进新型城镇化、促进城乡发展一体化为导向，充分尊重乡村发展规律，深入了解村民意愿，调动村民参与规划的积极性，赋予村民更多的规划"话语权"，促进乡村健康发展。

3　江苏镇村布局规划的实践

3.1　上轮镇村布局规划工作回顾

江苏历来十分重视镇村布局规划工作。2005 年，江苏针对当时全省自然村零散分布、乡村建设用地粗放和城镇总体规划"重镇区、轻农村"而引起的乡村建设及管理混乱无序

等问题，在城乡统筹和新农村建设的时代背景下，在全国率先组织开展了以"适度集聚、节约用地、有利农业生产、方便农民生活"为原则的镇村布局规划编制工作。其主要任务是以县（市）域城镇体系为指导，确定村庄布点，统筹安排各类基础设施和公共设施，为城镇化进程中的城、镇、村空间布局重组提供规划引导，至 2008 年年末基本实现镇村布局规划省域全覆盖。镇村布局规划实施以来，各地采取积极有效的措施推进乡村规划建设和村庄环境整治，通过引导农民居住的相对集中、村庄的适度集聚、基础设施的整合优化，引导乡村发展模式由分散到集聚、由粗放到集约的转变，提高了农村土地资源的集约利用水平，促进了乡村公共服务改善与资源集约利用水平的同步提高，并为更好、更快地推动城乡统筹发展奠定了基础。

3.2　本轮优化镇村布局规划的背景与任务

2005 年江苏开展的全省镇村布局规划工作，为统筹城乡基础设施和公共服务设施建设、引导农民建房和规范规划管理等提供了重要依据，较好地指导了全省镇村体系规划布局。但随着近年来经济社会的快速发展和城镇化、城乡发展一体化的深入推进，城乡关系和乡村发展环境发生了较大变化。2014 年年末，江苏全省常住人口约 7 960 万人，城镇化率 65.2%[①]，根据《江苏省新型城镇化与城乡发展一体化规划（2014—2020 年）》，到 2020 年全省常住人口城镇化率将达 72%，意味着至 2020 年将有约 600 万农民进城进镇，这种发生在城乡之间的大规模人口迁移，必然会带来整个城乡空间、镇村体系的变化。为了适应新形势和新要求、应对新情况和新问题，江苏于 2014 年年初启动了全省优化镇村布局规划工作，并综合考虑经济社会发展阶段、地区特征、乡村特点等因素，在全省范围内选择 11 个县（市、区）开展规划试点工作，2014 年年底前所有试点单位均已完成了规划编制、批准和备案工作。

本轮优化镇村布局规划的基本任务是：在现状分析与上轮规划实施评估的基础上，对自然村庄进行分类，结合原有形态进一步优化镇村布局，合理确定规划发展村庄，明确乡村发展的空间载体，明确差别化的公共资源配置原则，因村制宜，分类确定规划建设要求，为加快农业现代化进程、推进乡村集约建设、引导公共资源配置和公共财政投向、促进城乡基本公共服务均等化提供规划依据。

4　江苏优化镇村布局规划思考

2014 年江苏开展的优化镇村布局规划工作是原有规划工作的延续，是在总结以往经验教训的基础上呼应新形势和新要求的优化提升，在思路和方法上较以往有所改进和完善，重点关注了以下五个方面的内容。

4.1　规划对象：以自然村为基本单元，实现全域覆盖

"村庄"是一个较为综合和宽泛的概念，具有不同层面的内涵，既可以指代社会管理序列的"行政村"，亦可以指代相对独立的空间单元"农民聚居点"，当然也可以指代以宗族、血缘关系等为纽带、空间上由一个或多个"农民聚居点"组成的"自然村"。在以往的镇村布局规划中，对规划对象并没有十分清晰的界定，导致各地实际操作过程中对"村庄"的理解不一，统计口径差异较大，以至于规划成果千差万别，规划的指导作用大打折扣。

为了进一步明确规划对象、规范统计口径，提高规划的针对性和可操作性，本次优化镇村布局规划工作明确提出以"自然村"为研究对象，要求以自然村为基本单元、覆盖县（市、区）全域空间。选取自然村作为镇村布局规划的研究对象，兼顾了规划的空间属性和乡村发展的文化属性，既便于规划管理，也有利于乡村文化的传承和特色彰显。同时，由于自然村一般都有一个历史流传下来的名字，也便于数量统计和登记造册，为后续的分类实施政策制定奠定了基础。

江苏地域辽阔，经济社会因素、地形地貌特征、乡风民俗特点等的差异导致各地自然村的形成基础、发展脉络、空间形态等存在较大不同，甚至单个县（市、区）内部不同地区的自然村内部和自然村之间也存在多种空间布局形态（图1、图2），对自然村的认定存在较大差异。通过对自然村发展演变过程的分析，综合江苏省情和各地实践做法，笔者建议江苏省镇村布局规划中自然村的界定可以参考以下特征：一是空间特征，即空间相对集聚，可以由一个或多个村庄聚落组成；二是规模特征，即具有一定的人口规模，一般宜包含一个或多个村民小组，包含多个村民小组时应当考虑规模适度问题；三是社会特征（或文化特征），即社会联系比较紧密，一般具有宗族或姓氏的纽带关系，有些地区的自然村具有历史上流传下来的村名。总之，镇村布局规划中关于自然村的认定，应从有利于资源配置和规划管理、尊重地方文化习惯等角度统筹考虑，因地制宜确定，忌一刀切的做法。

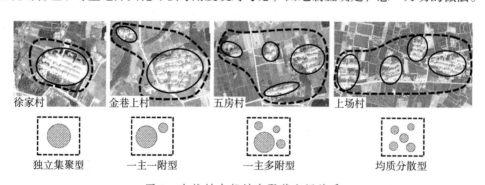

图1　自然村内部村庄聚落空间关系

资料来源：案例来自《江阴市镇村布局规划》，空间关系示意及类型归纳为笔者梳理。

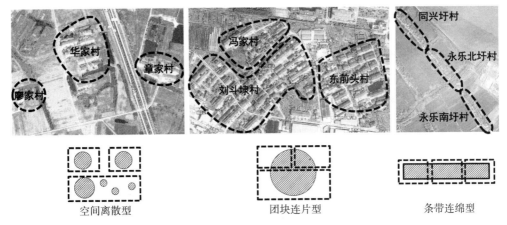

图 2 自然村与自然村之间的空间关系

资料来源：同图1。

4.2 村庄分类：突出发展导向，因地制宜地确定规划发展村庄

村庄分类是镇村布局规划的核心任务。在新型城镇化的背景下，镇村布局规划应当更加综合考虑乡村地区的产业、空间、社会、文化、生态等因素，实现乡村的活力提升和健康发展。基于此，本轮优化镇村布局规划提出"以发展为导向"的村庄分类方法，将现状所有的自然村庄分为规划发展村庄和一般自然村庄（图3）。

图 3 某镇镇村布局规划

规划发展村庄中根据发展类型的不同可分为重点发展和特色发展两类，简称"重点村"和"特色村"。重点村和特色村的差别在于其所承载的功能各有不同。重点村承载着为一定范围内的乡村地区提供公共服务的功能，其布局需要考虑乡村地区的公共服务覆盖情况；特色村则不承担综合服务功能，但需要在产业、文化、景观、建筑等方面有突出特色，或者具有可以培育特色的潜力，承载着彰显乡村魅力的重要功能。从江苏全省层面来看，规划发展村庄的确定应当遵循以下一般性选取原则（表1），在具体操作过程中各地还应结合地方实际和发展需求提出本地化的选取标准。

表1　规划发展村庄一般性选取原则

村庄分类	优选原则	禁选原则
重点村	·现状规模较大的村庄； ·公共服务设施配套条件较好的村庄； ·具有一定产业基础的村庄； ·适宜作为村庄形态发展的被撤并乡镇的集镇区； ·行政村村部所在地村庄； ·已评为省三星级康居乡村的村庄	·位于地震断裂带、滞洪区内或存在地质灾害隐患的村庄； ·位于城镇规划建设用地范围内的村庄； ·位于生态红线一级管控区内的村庄； ·位于铁路、高等级公路等交通廊道控制范围内的村庄；
特色村	·历史文化名村或传统村落； ·特色产业发展较好的村庄； ·自然景观、村庄环境、建筑风貌等方面具有特色的村庄	·区域性基础设施（如变电站、天然气调压站、污水处理厂、垃圾填埋场、220kV以上高压线、输油输气管道等）环境安全防护距离以内的村庄

一般自然村庄是指未列入近期发展计划或因纳入城镇规划建设用地范围以及生态环境保护、居住安全、区域基础设施建设等因素需要实施规划控制的村庄，是重点村、特色村以外的其他自然村庄。一般村未来如果出现新的发展机遇，满足了规划发展村庄的条件，也可适时优化调整为重点村或特色村。

一般村庄面广量大，不宜"一刀切"、无差别对待。比如，城镇规划建设用地范围内的一般村庄，未来面临的是城镇化的安排，需要结合城镇建设时序对村庄进行有效的控制引导，防止不必要的拆迁成本的增加和社会资源的浪费；对于处于生态红线一级管控区、地质安全隐患区、重大基础设施廊道两侧等范围内的一般村庄，因涉及安全、环保等因素，需要确定搬迁时序及未搬迁前的控制引导要求；而对于其他处在广大乡村区域的一般村庄而言，可能在相当长的一段时间内仍将继续存在，依旧面临着改善发展的问题。因此，各地可综合考虑城乡关系、区位特征、现实需求、时序安排等因素，对一般村庄进行细化分类，并形成本地化的分类指导要求。

4.3　配套设施：基本公共服务均等化供给，设施分类差别化布局

在推进新型城镇化和城乡一体化发展的进程中，城乡公共服务体系的建立应遵循基本

公共服务均等化供给和设施分类差别化布局两个基本导向。基本公共服务均等化体现了对城乡居民基本生活权益的保障，设施分类差别化布局则体现分类配置服务设施的规划引导和调控思路。因此，规划应建立"公共服务全面覆盖、服务设施分类配置"的乡村公共服务体系，在城镇化进程中引导有限的公共财政投入发挥最大的效应，同时也有利于引导乡村人口流动，促进乡村建设提高集约化水平。

具体而言，重点村应作为城镇基础设施向乡村延伸、公共服务向乡村覆盖的中心节点，规划配置能够辐射一定范围乡村地区的、规模适度的管理、便民服务、教育、医疗、文体、农资服务、群众议事等功能建筑和活动场地，引导建设完善的道路、给排水、电力电信、环境卫生等配套设施，培育建设"康居村庄"（表2）。特色村应在既有村庄特色基础上，着力做好历史文化、自然景观、建筑风貌等方面的特色挖掘、保护和展示，发展壮大特色产业、保护历史文化遗存和传统风貌、协调村庄和自然山水融合关系、塑造建筑和空间形态特色等，并针对性地补充完善相关公共服务设施和基础设施，避免"贪大求全"，引导建设"美丽村庄"。一般村应通过村庄环境整治行动，达到"环境整洁村庄"标准，村庄环境整洁卫生，道路和饮用水等应满足居民的基本生活需求。

表2 某镇重点村公共服务设施配套举例

行政村	规划发展村庄	设置内容										
		村委会	警务室	小学	幼儿园	卫生室	老年活动室	文化设施	体育健身设施	农贸市场	商业金融服务设施	公交站台
卸甲	四组	★	★	—	—	—	—	—	★	—	—	★
	柏家	—	—	—	—	—	—	—	★	—	—	—
	龙达	—	—	—	—	—	—	—	★	—	—	—
郭楼	南徐	★	★	—	—	—	—	—	★	—	—	★
	西王	—	—	—	—	—	—	—	★	—	—	—
金港	港西	★	★	—	☆	★	☆	★	★	★	☆	★
	吴赵	—	—	—	—	—	—	—	★	—	—	—

注："★"表示必须设置的公益性基本公共服务设施项目，其相应标准为刚性规定。"☆"表示经营性基本公共服务设施和可选择设置（或可空间复合利用）的设施项目，其相应标准为弹性要求。

4.4 数量规模：遵循乡村发展规律，不设数量、规模、实施期限要求

本轮优化镇村布局规划的基本任务是对现状自然村庄进行分类，合理确定规划发展村庄，提出差别化的建设指引要求。在村庄分类的过程中，要充分尊重各地经济社会发展阶段和乡村发展客观规律，坚持因地制宜、因村制宜，按照"村级酝酿、乡镇统筹"的工作方法选取规划发展村庄，对重点村和特色村的数量、人口集聚规模以及规划实施期限等均

不设特定的要求，根据地方实际情况和镇村建设需要，成熟一批、公布一批。

从部分试点城市上报数据的分析来看，各地确定的规划发展村庄占现状全部自然村庄的比例为 15%—30%（图4），这与各地经济社会发展阶段、城镇化水平、乡村发展思路等的差异有关，也从侧面反映出本轮镇村布局规划对规划发展村庄不设数量和规模限制、因地制宜确定的思路。

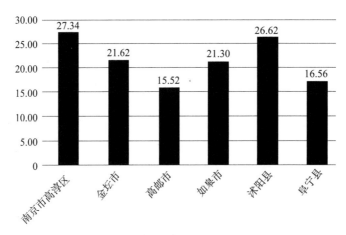

图4　部分试点县（市、区）规划发展村庄占全部自然村的比例（%）

4.5　工作方法：自下而上与自上而下相结合，多级联动、村民参与

镇村布局规划以空间为主要规划内容，关系到乡村的经济、社会、文化、管理等多个方面，涉及县（市、区）、镇（乡、街道）、行政村等各个层级，最重要的是与广大村民的切身利益休戚相关。随着依法治国理念的深入人心，镇村布局规划需要非常注重编制过程的合理合法，要按照"村级酝酿、乡镇统筹、市县批准"的程序推动工作。只有做到了规划编制过程的合理合法，规划实施操作才具有强有力的法理依据和保障。

结合试点城市的规划编制经验，笔者认为镇村布局规划编制可以分为以下三个阶段：一是通过乡村现状调查分析和上轮规划实施评估，准确把握乡村发展现状和存在问题，结合当地经济社会发展阶段和城镇化进程，确定县（市、区）镇村布局规划的总体目标和原则要求；二是以镇（乡、街道）为编制单元、以行政村为具体单位，提出自然村的分类方案，并通过镇、村的多轮协调、反馈，形成镇（乡、街道）镇村布局规划方案；三是县（市、区）域层面汇总、校核，明确差别化的建设指引和政策保障措施，形成县（市、区）镇村布局规划成果（图5）。

规划编制全过程要建立自下而上和自上而下的反馈协调机制，在第二阶段尤其要重视村民参与，充分尊重村民和"村两委"的意见和建议，发挥规划师全程参与过程中的技术分析、情景模拟、辅助决策的作用，多一些"接地气"的沟通交流，少一些"任务性"的行政推动，确保规划的科学性和操作性。事实上，与村民的深入交流和互动协商过程也是一个深入了解农村经济、社会、文化发展的过程，可以帮助规划有效地规避因村庄内部社会结构、家族文化等的差异而引发的各类社会问题。

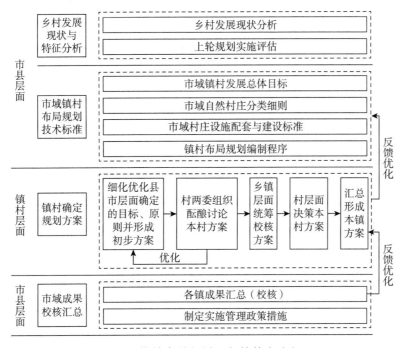

图 5　镇村布局规划一般性技术路径

5　结语

乡村是一个复杂的经济社会综合体，经历了几千年的发展演变，呈现出多元性、复杂性和长期性的特征。城乡作为"生命"共同体，随着经济社会的不断发展、城镇化进程的不断推进，城乡关系不断发生着变化，乡村发展也面临各种具有时代性和阶段性的问题与挑战。当前，新型城镇化是一个大的时代背景，让进城进镇的农民实现市民化，让留下来的农民安居乐业、幸福生活，即是时代赋予的重要任务。

镇村布局规划是以自然村为研究对象的空间规划，规划的主要目的是确定规划发展村庄，明确乡村空间发展载体和资源配置原则，并制定相应的实施管理政策，以引导实现乡村的可持续发展和美丽乡村建设。镇村布局规划编制和实施过程中，涉及技术性和政策性两种因素，规划技术上的村庄分类过程很重要，需要因地制宜、上下反馈、听取基层声音、尊重风俗习惯，但更重要的是基于村庄分类的土地整理、产业发展、设施配套、农民建房等政策的制定，这是影响村庄未来发展的本质性因素，因此各地应在制定和落实配套实施政策上给予更多的关注与思考。

镇村布局规划不是一蹴而就、一劳永逸的工作任务，而是一个不断优化调整、持续更新的连续性过程，要建立动态优化和长效管理的实施保障机制，只有这样才能保证镇村布局规划的科学性和适应性，才能保持乡村特色和乡村发展活力，才能真正实现乡愁有所寄，促进乡村地区健康发展。

注释

① 《2014 年江苏省国民经济和社会发展统计公报》。

参考文献

［1］房健："新型城镇化背景下我国农业保险发展的困境及对策分析"（硕士论文），西南财经大学，2013 年。

［2］江苏省人民政府办公厅：《省政府办公厅关于加快优化镇村布局规划的指导意见》，2014 年。

［3］江苏省住房和城乡建设厅：《关于印发〈推进全省镇村布局规划编制工作方案〉和〈江苏省镇村布局规划技术要点〉的通知》（苏建村〔2005〕125 号），2005 年。

［4］江苏省住房和城乡建设厅：《省住房和城乡建设厅关于做好优化镇村布局规划工作的通知》，2014 年。

［5］江苏省住房和城乡建设厅：《江苏省 11 个试点县（市、区）镇村布局规划备案成果》，2014 年。

［6］张孝德："生态文明视野下中国乡村文明发展命运反思"，《行政管理改革》，2013 年第 3 期。

［7］中华人民共和国国务院：《关于加大改革创新力度加快农业现代化建设的若干意见》，2015 年。

［8］周岚等：《集约型发展——江苏城乡规划建设的新选择》，中国建筑工业出版社，2010 年。

乡村的可持续发展与乡村规划展望

张尚武

摘 要 乡村发展是我国现阶段城镇化可持续发展的核心问题。实现城乡统筹发展是国家新型城镇化战略提出的基本要求，也是对国家现代化治理能力的重大考验。文章基于对乡村问题的理解，提出乡村规划本质上是应对乡村可持续发展问题的一种公共干预，需要面对乡村发展三个方面的难题，即促进乡村经济现代化、乡村社会治理现代化和乡村生活环境现代化。同时，乡村规划也触及了城乡规划的本源和规划体系的重构，理论和实践层面都有许多课题亟待开展。

关键词 乡村问题；乡村可持续发展；乡村规划

2000 年以来，"三农"问题在国家层面受到高度重视。从 2003 年开始，中央每年的"一号文件"都聚焦"三农"问题，提出了一系列推动农村改革发展的措施。2005 年，十六届五中全会通过了《中共中央关于制定国民经济和社会发展第十一个五年规划的建议》，提出要按照"生产发展、生活宽裕、乡风文明、村容整洁、管理民主"推进新农村建设的要求，专门制订了《关于推进社会主义新农村建设的若干意见》。2008 年国家颁布《城乡规划法》，将村庄规划纳入法定规划编制体系，明确了乡村规划的法定地位，各地出台了相应的规划实施办法，促进了乡村规划在地方的编制工作。

当前乡村规划开展的特点：一是以地方政府推动为主导，通过一系列相关规划政策的指引，积极推动乡村规划的开展和实践，但偏远地区、城市经济不发达地区，乡村规划开展相对滞后；二是各地规划实践侧重不同，总体上较为注重乡村地区的环境整治，通过环境改善为乡村发展注入活力；三是多维度探索乡村规划实践的创新，如在土地流转制度、乡村规划师制度等发面的探索，此外，一批"三农"学者、企业、社会团体也积极参与到乡村建设的实践中，丰富了乡村规划实践的参与主体。

乡村规划的开展需要建立在对乡村可持续发展基本问题认识的基础上，在实际中存在一些认识上的误区和难点。在实践层面，一些地区片面理解城镇化和农村现代化，盲目撤并乡村居民点。脱离农村的生产生活方式，盲目推行农民上楼。有的地区片面强调将农村居民点整治与土地增减挂钩。在理论和方法层面，虽然国家颁布的《城乡规划法》中明确

作者简介

张尚武，同济大学教授，中国城市规划学会乡村规划与建设学术委员会主任委员。

界定了乡村规划的法定地位，同时也提出乡村规划需要从居民意愿出发，满足乡村发展的实际需求。从现行规划编制体系特点来看，具有自上而下的政府主导的特点，自上而下和自下而上两者之间存在着一定的"断层"现象。此外，如乡村规划与上位规划之间的关系、乡村规划的法定性内容如何界定等，在理论和方法层面也有许多基本问题需要厘清。

1 乡村的可持续发展

1.1 乡村发展问题是城镇化本身难以化解的矛盾

乡村问题本质上是城镇化问题。城乡社会转型是城镇化的基本特征，工业革命以后大规模的非农生产活动和人口向城市集聚，城市拉力和农村推力构成了乡村社会与城市社会非对称的发展关系，城乡发展差距不断扩大和乡村社会衰落现象，是城镇化发展过程中必须面对的长期矛盾和趋势。

中国城乡矛盾的发展既是城镇化一般规律造成的结果，也有中国的独特性。在过去 30 多年里，大量的农村人口转移并未对城市社会发展造成冲击，这一定程度上得益于城乡二元结构产生的制度红利，降低了城镇化的社会成本。但城乡矛盾不断积累和加深，表现在：城乡差距难以缩小，乡村经济总体缺乏活力；农村地区之间的发展差距不断扩大；农村地区青年劳动力大量流失，老龄化严重，"空心村"现象普遍；乡村社区组织瓦解，集体经济体制和组织载体弱化，生产组织和社区组织能力薄弱。由于城乡二元化的制度性阻碍，有超过 2.5 亿的农民工徘徊在城乡之间，难以真正融入城市社会。大量的农民工现象不仅造成农村家庭单元的分裂，也在宏观层面造成城镇化的不稳定性，走向现代化的社会风险也在不断加剧。

城镇化是实现国家现代化的必由之路，但走一条什么样的城镇化道路，既有其自然规律性，也是一种社会选择。加强对城镇化的宏观管理，有效缓解城乡矛盾，促进城镇化的可持续发展，已成为中国平稳迈向现代化的必然选择。

1.2 乡村的可持续发展是国家新型城镇化的核心问题

城乡统筹发展是国家新型城镇化提出的战略要求，其核心内涵就是要在城镇化进程中实现城乡的同步现代化，这将是一项前所未有的挑战。纵观城镇化的历史进程，无论发达国家还是发展中国家，都没有真正意义上实现城乡同步现代化的经验。特别是许多发展中国家普遍出现过度城镇化和贫民窟现象，并在经济发展进入一定发展阶段后难以摆脱"中等收入陷阱"，正是城乡发展矛盾难以化解的表现。

中国新型城镇化道路的成功，其最大的贡献和意义将在于一个农业大国在城镇化过程中，在实现了城市现代化的同时，实现了乡村的现代化转型。其主要任务在于以下三个方面，也构成了需要破解的三个难题。

第一，乡村社会治理的现代化。促进城乡的双向流动、保护乡村社会的活力、促进乡村文化的复兴是重要的价值取向，既涉及宏观层面体制改革，也涉及微观层面的机制创新。

第二，乡村经济的可持续发展。繁荣乡村经济是实现乡村现代化的前提。通过农业产业化建立起连接城镇化和乡村现代化的纽带，不仅要有利于在乡村地区形成造血机制，同时也要有利于形成以工补农、以城促乡的长效机制。

第三，乡村生活环境的现代化。探索适宜乡村化地区分散形态的公共服务均等化的实现路径以及基础设施配置和循环利用方式，是实现乡村现代化的一个难点。

2　乡村规划的本质

2.1　乡村规划是应对乡村可持续发展问题的公共干预

从现代城市规划产生的根源来看，乡村规划是为了根治工业革命以来市场失灵造成的诸多的发展矛盾而进行的公共干预。从这层意义上来讲，乡村规划与城市规划具有相似的作用，但干预的对象和基本出发点不同。城市规划是为了干预"增长"引发的城市问题，空间资源的合理、有效配置是规划的重点；而乡村规划则是应对乡村可持续发展问题的公共干预，最主要目的是为了减缓"衰退"问题。

乡村问题千差万别，具有阶段性、长期性、动态性的特点，也存在明显的地区性差异，由此带来乡村规划类型的多样化。不过，总体上看，在城镇化过程中维护乡村地区的稳定和健康发展，缩小城乡差距，重塑乡村社会可持续发展的能力，是乡村规划的基本出发点，也是乡村规划存在的必要性和价值所在。

2.2　乡村规划是认识中国城乡规划变革趋势的一面镜子

理解乡村问题和乡村规划的基本特征，有助于看到规划本源和规划体系的重构。

从规划的意义来看，"规划"存在的一般意义是为了干预市场失效，而非增长主义。中国的城市问题和城乡差距不仅有市场失效问题，也有其制度性成因，经过过去30多年的快速发展，城镇化面临着路径转型，也必然带来规划的重心从关注空间"增长"转向关注增长背后的发展失效问题。

从规划的方式来看，村民自治是乡村的基本特点，相比城市更类似于自组织系统，乡村规划作为外部干预，规划方式应该具有自下而上的特点，与乡村居民的实际意愿和需求相结合，更加体现公众参与的民主规划，而非自上而下的精英规划，相应的规划师的角色也会发生变化。

从规划的内容来看，由于面对更新过程和需求的差异，决定了乡村规划需要更加关注行动，是一种具有动态性、循序渐进的规划，而非终极蓝图式的规划。

从规划的手段来看，作为具有公共政策属性的城乡规划，关注更新机制和政策研究是体现其社会价值的重要基础。

3　乡村规划亟待开展的研究课题

3.1　乡村发展特点和规律研究

第一，乡村运行特征、组织方式和发展的规律。乡村地区的发展机制不同于城市，是一种具有自组织特点的社会聚落。

第二，城镇化的长期影响和乡村地区的发展趋势。城镇化对乡村地区的发展将产生长期影响，需要从城镇化和现代化的宏观视角认识乡村地区的发展趋势。

第三，乡村发展的类型和特点。乡村地区差异性大，反映在发展条件、分布区位、地理条件、民族文化、历史传统等各个方面，需要研究不同地区乡村发展的类型和特点。

3.2　乡村社会治理与政策研究

第一，乡村地区的社会变革和乡村社会的治理模式研究。乡村地区的社会结构、生活方式、价值观念等各方面都在发生深刻变化。

第二，宏观层面的制度创新和城镇化政策设计。制度创新和政策设计是乡村可持续发展的重要手段，加强政策研究是乡村规划研究亟须加强的重要内容。

第三，乡村规划的干预方式研究。从不同地域发展实际出发，探索地区差异化发展道路，研究不同地区城镇化动力机制、政策影响、乡村规划实施路径等。

3.3　乡村规划理论与方法研究

尽管乡村规划应视作城乡规划体系的组成部分，但由于乡村社会与城市社会的差异，在理论与方法体系上仍然需要拓展，逐步理清乡村规划和城乡规划体系内涵与外延的关系，大致包括四个方面。

第一，乡村规划的知识体系。乡村发展问题具有综合性，这对规划教育和规划实践将会产生重要影响。

第二，中国乡村规划的思想体系。实现中国城镇化进程中乡村与城市的同步现代化是乡村规划的思想基础。

第三，乡村规划的内容体系。乡村规划内涵上具有更新规划、社区规划的特征，同时类型具有多样性。符合实际、因地制宜是乡村规划的基本原则。乡村规划的开展既要体现政府对乡村地区的积极引导，也要体现村民自治的基本特点，实施主体和需求差异对应的规划目标与内容方法不同。

第四，乡村规划方法体系。类型的多样性决定了方法的多样性，公众参与是树立乡村规划价值导向的一种基本能力，乡村地区量多面广及其动态性与日常性都会给乡村规划工作方法增加难度。

3.4　乡村规划实践与实施机制研究

第一，寻求基于地方性的规划方法。面向实践是乡村规划的重要特点，深入农村发展实际，按需规划是乡村规划实践的基本要求。

第二，在实践中解决乡村规划碰到的实际问题。如针对适应农村地区分散化形态的公共服务均等化的实现路径、基础设施配置方式等。

第三，通过规划实践完善乡村规划体系和工作方法。乡村规划实践需要广泛的社会动员，在实践中总结经验，完善乡村规划编制的组织方式、规划管理和法规体系、人才培养模式等。

4　结语

乡村规划面对的乡村问题触及城镇化的核心问题，也触及城乡规划的本质问题。实现城乡统筹发展是新型城镇化战略的基本要求，也是对国家治理能力现代化的重大考验。乡村规划的目标是实现乡村的可持续发展，既需要宏观层面通过顶层设计推动城镇化制度和政策设计的创新，也需要微观层面基于地方性的实践探索以及社会的广泛动员和参与。

参考文献

[1]（美）布赖恩·贝利著，顾朝林等译：《比较城市化——20世纪的不同道路》，商务印书馆，2008年。
[2]彭震伟、孙施文等："特约访谈：乡村规划与规划教育（二）"，《城市规划学刊》，2013年第4期。
[3]张尚武："城镇化与规划体系转型：基于乡村视角的认识"，《城市规划学刊》，2013年第6期。
[4]张尚武："重塑乡村活力——基于一个实践教学案例的战略思考"，《小城镇建设》，2014年第11期。

精明收缩：乡村规划建设转型的一种认知

罗震东　周洋岑

摘　要　改革开放以来的工业化与城镇化进程彻底改变了乡村在中国的主体地位，传统乡村的经济社会结构正在快速解体。国家层面乡村话语体系的重建使得乡村规划成为近年的重要议题，然而当前乡村规划建设并没有形成系统、完整的理论认知，导致规划建设活动出现大量的价值误区和实践缺憾。文章反思当前乡村规划实践的经验和观点，尝试丰富乡村"精明收缩"的认知。文章认为快速城镇化进程中，收缩是乡村发展的必然趋势，但收缩应当是精明的、更新导向的，本质目的是实现个体的福利正增长和乡村社会整体的现代化转型。

关键词　精明收缩；乡村规划；转型；认知

1　引言

乡村发展已成为中国城镇化"后半程"的核心议题。作为传统中国社会的基础和主体，乡村、乡土、乡民是三千年来中国社会的真实概括；新中国成立后的城乡分治则进一步固化了城乡二元结构和乡村的稳态发展。变化发端于改革开放，传统中国社会在短短 30 多年间迅速实现了"乡土中国"向"城市中国"的跃进，快速的工业化和城镇化进程彻底改变了城乡关系。乡村不仅迅速失去了其在社会发展中的主体和主导地位，其长期形成的经济社会结构也快速解体，乡村问题已成为中国城镇化与现代化转型的基础性问题。中央"一号文件"长期锁定"三农"话题，2002 年十六大明确提出"统筹城乡发展"的命题，指出解决"三农"问题是全面建设小康社会的重大任务；十八大报告以及《国家新型城镇化规划》进一步明确赋予乡村发展重要的时代意义。国家层面关于乡村发展理念以及话语体系的重建，使得乡村建设和规划日益成为相关领域的热门议题，相关实践更是在众多地区如火如荼地展开。

面对乡村发展重要性和紧迫性的不断提升，上升为一级学科的城乡规划学准备好了吗？对于如何理解乡村发展，如何编制并评价乡村规划，如何进行乡村的物质与治理重建，城乡规划学科并没有形成科学、系统、全面的理论认识。而这一缺失事实上已不可避免地导致规划建设活动的价值误区和实践缺憾。简单粗暴的拆村并点，单调乏味的村居建设，

作者简介

罗震东，南京大学建筑与城市规划学院副教授，南京大学区域规划研究中心副主任；
周洋岑，南京大学建筑与城市规划学院，硕士研究生。

逐渐失范的乡村治理，不正确的认知不仅引发一系列社会问题，更为严重的是，其正在摧毁中华历史文化的根基。探索中国乡村发展、规划与建设的正确认知，已成为城乡规划学科发展的核心任务。唯有如此，城乡规划学科才真正拥有在城镇化"后半程"立足的基石。认知是规划的基础。基于国内学者对于"精明收缩"概念的建构和阐述，本文试图从乡村规划建设转型的视角进行拓展，为城乡规划学科乡村规划理论的发展提供可能的线索。

2　传统乡村社会的瓦解与规划建设的困惑

中国的乡村到底怎么了？普遍认知是乡村"衰败了"，空心化、老龄化、产业衰落、环境恶化等问题的集中出现就是乡村整体退化和衰败的表征。然而，这种衰败和退化是可逆的吗？如果可逆，意味着乡村是可以"复兴"的；如果不可逆，现在的工作究竟该如何做？显然，当前正处于一个现代化的转型阶段，处于传统乡村社会逐步瓦解、新的社会结构尚未形成的过渡期。

2.1　传统乡村社会的瓦解

长期以来，城乡间的体制性隔离使得以传统农业为基础的乡村社会结构得以保持，并相对稳定地发展和延续。快速的工业化与城镇化打破了乡村系统的封闭性，稳态的农业社会开始逐步瓦解。首先表现在经济结构上，以传统农业为代表的乡村经济在国民经济中的比重大幅跌落。相比于二、三产业的快速发展，农业在国家 GDP 中的比重从 2000 年的14.7% 下降至 9.2%（图 1）。农业较二、三产业的收益差距逐步拉大，基础性农业对于人口的吸引能力呈现不断弱化的态势，2000 年以来第一产业从业人员数量总计减少 1.3 亿，比重从 50% 跌至 29.5%（图 2）。同时，自 20 世纪 90 年代中后期起，粮食价格持续下降，而外出打工却可获得高出农业收入数倍的收益，农民收入结构开始发生根本性转变（图 3）。

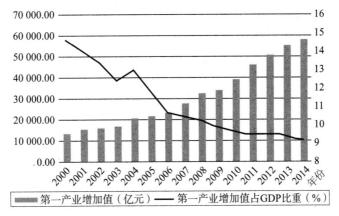

图 1　我国历年第一产业增加值情况

资料来源：国家统计局网站。

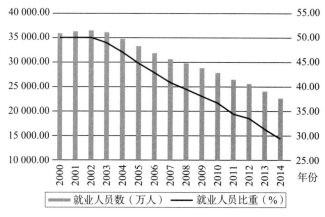

图2 我国历年第一产业就业人员情况

资料来源：国家统计局网站。

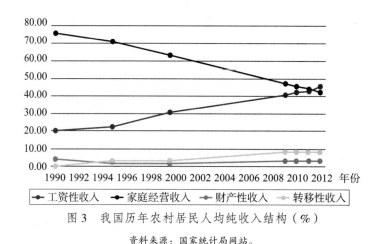

图3 我国历年农村居民人均纯收入结构（%）

资料来源：国家统计局网站。

　　经济结构的巨变必然引起社会结构的重组。随着农业的衰落，传统乡村社会围绕农业组织的家庭就业结构逐步瓦解，农民以家庭为单位进行了劳动力资源的再分工（图4）。家庭中青壮人口大量流出，投入二、三产业的生产经营活动中，家庭成员以代际分隔实现了经济活动空间的分离和经济活动类型的分化。正如梁漱溟所言，农业团结家庭，工商业分离家庭。农业的衰落和非农经济活动的不断丰富使得传统农村的社会组织网络开始失去赖以存在的基础。一方面，人口大量流出大大削弱了村庄内部的社会关联，形成一种散漫的关系结构；另一方面，依赖乡规民约的传统治理模式在新的关系网络下显示出极大的不适应性，约束个体行为的村治力量急剧衰败，社会秩序基本陷入失范。以家庭为基础单元的简单关系网络，正逐渐被以现代社会交往为纽带的复杂关系网络取代。在内外动力的交织影响下，传统乡村社会结构的瓦解只是个时间问题。

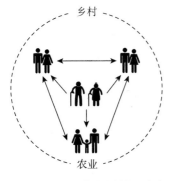

围绕农业组织的传统农村核心家庭　　　　　　代际分工的现代农村家庭

图 4　乡村传统就业结构的瓦解与现代家庭就业结构的重构

2.2　乡村规划建设的困惑

传统乡村社会的瓦解已成为必然，但在这新旧交替的过渡期，社会对于传统乡村社会的想象却从未停止。乡村发展的客观规律和趋势到底是什么？美好乡村究竟是什么样？乡村规划建设到底怎么做？社会各界对于这一系列关键问题的激烈争论甚至论战恰恰反映了这些问题的复杂性和挑战性，而规划学界的整体性失语则充分反映了乡村规划理论的缺失和实践的困惑。

中国当前的乡村规划实践很大程度上都处于探索与试错状态。早期的拆村并点已被实践证明是简单的想象，片面关注数量而忽略乡村社会复杂性的做法不仅引发激烈的社会矛盾，事实上也并未达到规划的预期效果。轰轰烈烈的乡村美化运动一定程度上是又一次规划价值观的试验性输入，成效依然是学界争论的话题。不可否认的是，在这一探索和试错过程中，乡村的认识在不断加深，优秀的乡村规划实践开始出现。然而，由于缺乏充分的理论总结和方法归纳，一些宝贵的规划经验尚未被合理地解析、提炼和系统化，就被简单地模仿。在基本忽略中国乡村的巨大差异与规划的在地性与在时性的情况下，不断制造出异化的复制品。当前乡村规划建设理论和方法的滞后已影响了乡村的转型发展，而既有的探索和试错已为正确地认识乡村的发展趋势、合理地总结乡村规划的方法论奠定了基础。

3　乡村发展趋势与精明收缩的认知

3.1　乡村收缩是快速城镇化过程中的必然趋势

快速城镇化进程是理解和判断中国乡村发展趋势的核心，而乡村发展本身就是城镇化进程的重要组成部分。2014 年中国的城镇化率已达到 54.77%，在总人口增长相对稳定的情况下，年均1.4%的城镇化率增长意味着每年有1 800万以上的农村人口进入城市（图5）。据中国社会科学院的预测，2050年中国城镇化率可能超过80%，也就是说在未来30多年的时间里，中国的城镇人口仍将大规模增长，乡村人口的持续减少将成为必然趋势。人口大量减少必然要求空间重整，乡村收缩不可避免。

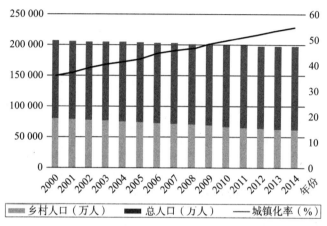

图5　我国历年人口与城镇化率变化情况

资料来源：国家统计局网站。

作为城镇化发展的必然结果，乡村收缩更根本的动力是乡村经济与社会的转型。随着城镇化和工业化的加速，经济发展方式的转变必然直接影响乡村经济的发展。一方面，随着农业份额的不断下降，农业将逐步转向以提高生产率为主的现代化模式，农业提供的就业岗位将不断减少，对土地等要素资源的集聚要求不断提高，农业尤其是种植农业的就业密度将大幅降低。另一方面，随着"互联网+"、"生态+"等新经济的出现，乡村空间将围绕新的资源禀赋密集区重新集聚；大都市区等新的城镇化空间的出现，也将导致跨区域的乡村空间集聚重组，而新的集聚过程就是新的收缩过程。在社会层面，随着老龄化、少子化社会的到来，养老、医疗、教育等公共服务的供给数量、质量与空间布局都将持续影响乡村人口的减少和乡村空间的收缩。

乡村人口的大量收缩，从集约资源、提高服务水平的角度，必然要求对乡村空间和相应的公共服务设施进行重组。当前农村常住人口的大量外流不仅留下了大量空置房屋、抛荒土地，导致空间低效利用，还导致以基层服务功能衰退为代表的整体经济社会功能的退化。中国乡村量大面广，都市区域以外的普通乡村在数量上仍占很大比例，在缺乏优势发展资源的情况下，这些乡村即使生态良好，也仍是城镇化进程中主要的人口外流地。显然在资源有限的情况下，投入需要兼顾公平和效率，而对已空心地区持续的投入必然造成巨大的浪费。同时，在总体供给不足的情况下，低水平均衡的设施供给也无法真正满足乡村居民日益提高的需求。因此，为了集约、高水平而进行的精明收缩对于这些地区有着非常现实的意义。

3.2　精明收缩的特征是更新导向的加减法

乡村收缩是中国城镇化进程发展到一定阶段出现的必然现象，和增长一样，只是一种状态。目前所呈现的与衰退、恶化相伴的收缩，其实是不正常的、不精明的收缩，问题不在于收缩本身，而在于收缩的方式和方法。如只拆不建、只堵不疏、治表不治里等消极的建设管理方式，只会导致乡村功能的衰退和人居环境的恶化。因此，必须尽快形成精明收缩理念的共识。精明收缩概念是近年来新兴于欧美国家的规划策略，和精明增长相对应，旨在应对城市衰退所引发的人口减少、经济衰落和空间收缩等问题，从收缩中寻求发展。虽然欧美的城市衰退与中国乡村收缩的背景、过程与机制截然不同，但精明收缩的理念却具有启发性，重在倡导积极、主动地适应发展趋势的结构性重整。

中国乡村的精明收缩必然也应当是积极的、主动的，是更新导向的加减法，有增有减，而不是一味地做减法。乡村是城乡体系中具有重要价值与意义的组成，精明的收缩不以消灭乡村为最终结果，而以发展乡村为根本目的。当前忽略乡村的发展需求，在资金、指标、政策上对尚有发展可能的乡村做出种种限制，致使乡村发展陷入长久停滞的做法，都是简单减法思维的体现。精明收缩下的乡村发展必然是一个总体减量却有增有减、以增促减的更新过程，从被动衰退转向主动收缩。减少的不仅是乡村空间，还包括乡村无序发展阶段形成的不合理增量，如大规模的违建住房；以及不适应现代发展环境的要素，如传统的低效农业、污染的乡村工业等。相应增加的应当是更具适应性的现代发展要素，如以生态农业、农村电商为代表的、面向需求的新兴乡村产业和服务设施。精明收缩需要在总量减少的同时加大对积极要素的集中投入，有选择地引入新的辅助要素，同时保护、更新具有历史文化意义的要素。这既是资源要素有限情况下效率与公平的追求，也是乡村转型过程中系统更新的要求。

3.3　精明收缩的目的是助推乡村的现代化转型

更新导向的精明收缩其最终目的是在中国现代化转型的关键阶段，助推传统乡村社会实现现代化转型，从而建构稳定、强健的新社会结构。首先，通过精明收缩实现农民福利的正增长。农民是乡村发展的主要参与者，其意愿和行为决策对于乡村发展具有关键性影响。在城乡交流越发频繁、信息传播日益便利的当下，农民的经济理性正迅速觉醒。农民不再"被捆绑在土地上"，尤其新一代农村人口具有自主、理性选择最大化利益的意愿和能力。大量的调研结果显示，当前个人打工的年均收入远高于务农收入（表1），乡村劳动力的非农化现象非常显著，进城打工成为大量农村家庭的主要经济来源，这一比例在青年劳动力中高达 63.76%（表2）。在这个意义上，当前中国乡村的持续衰退是农民"用脚投票"的结果。乡村发展是人的发展，而非物的发展，因此仅仅依靠环境整治和文化复兴留住农民只是精英主义的祈望。只有通过为农民提供切实的福利增长，即或者提高经济收益，或者提高公共服务水平，或者两方面同步提高，才能精明收缩，才是精明收缩。

表1　受访者主要经济来源与年收入（%）

	无	<0.2 万元	0.2—0.5 万元	0.5—1 万元	1—2 万元	2—3 万元	3—5 万元	>5 万元	合计	年收入均值（元）
农业生产	1.54	6.74	15.61	20.23	29.87	15.03	6.55	4.43	100	15 647.4
上班打工	0.64	3.04	4.33	7.85	32.37	27.08	19.23	5.45	100	23 358.97

资料来源：笔者随团队在武汉村镇进行的问卷调研（共发放问卷1 551份，有效问卷1 447份，有效率99.74%）。

表2　不同年龄受访者主要经济来源（%）

	无	农业生产	上班打工	租金分红	做生意	乡村旅游	社会保障	其他	合计
20—39岁	9.76	13.59	63.76	0	11.15	0	0.35	1.39	100
40—59岁	4.26	40.02	41.82	0.56	9.53	0.34	1.12	2.35	100
60岁及以上	6.23	38.32	22.12	0.62	5.61	0	20.87	6.23	100

资料来源：同表1。

　　精明收缩的关键在于精明，在于缩小城乡差距、打破二元结构，在城乡聚落系统内通过收缩将城乡差距变为城乡均等，实现城乡要素自由流动、公共服务基本均等，同时差异化地保持或赋予乡村丰富的内涵与地位。面向未来城乡聚落体系中乡村可能扮演的角色，精明收缩需要在乡村数量收缩的同时大大拓宽乡村的功能与产业发展可能，通过集聚促进传统农业产业更新升级，促进适应性非农生产要素的集聚，在新经济不断发育的进程中，使得乡村不仅延续农业服务空间的职能，同时在现代产业体系中承担一定分工。精明收缩助推乡村现代化转型，农村和农民不再是特定身份、待遇的符号，而是一种新的生活与生产方式的代名词。

　　推动乡村社会现代化转型必然要求构建可持续的现代乡村系统。精明收缩并非短期的外来输血或扶持干预，而是在有条理、有意识的规划引导下，促进乡村社会的空间重构与治理重构。前者主要体现为建立符合现代要求的生活、生产空间，有选择地建立高标准的基础设施和服务设施，满足乡村居民不断提高的消费要求；后者主要体现为建立在现代化生产分配关系网络基础上的新社会秩序和治理结构，即在市场、政府与公民三者之间，在自上而下和自下而上的治理模式之间找到最佳组合与平衡点，推进乡村治理体系和治理能力的现代化。通过重构具有高度适应性、结构完整的乡村社会，精明收缩将激活乡村内生造血功能，最终形成一个具有自我发展能力的现代乡村社会。

4　结语

快速的工业化与城镇化打破了中国乡村系统的封闭性，内外动力的交织作用逐步瓦解了传统乡村社会，转型的时代已经到来。显然，中国的现代化进程不可能缺失乡村社会的现代化。如何平稳实现乡村社会的现代化是乡村规划需要解决的关键问题。深化对乡村发展趋势的理解、认知，已经成为城乡规划学科发展的重要领域。基于对中国快速城镇化趋势的研究，本文认为乡村收缩是快速城镇化过程中的必然趋势，一定程度或阶段上这一过程是不可逆的。因此，必须充分正视乡村收缩问题，以更为积极、主动的态度去应对乡村收缩趋势可能带来的种种困难与挑战。如果说乡村收缩是客观的，那么精明收缩就是主观的规划理念，它以更新为导向，倡导在整体收缩的背景下综合运用加减法，通过增量盘活存量，最终一面实现农民个体福利的正增长，另一面全面助推乡村整体的现代化。当今中国，乡村发展与规划建设无疑是一个宏大的命题，争论甚至论战此起彼伏，可以深入研究并探讨的内容非常丰富，本文的尝试仅仅从城乡规划学科比较务实的角度提出乡村发展与规划建设的初步思考，抛砖在前，只希望能够对学科更为深入、精彩的探讨提供点滴助益。

参考文献

［1］城市规划学刊编辑部："新型城镇化座谈会发言摘要"，《城市规划学刊》，2014 年第 1 期。
［2］冯健：《乡村重构：模式与创新》，商务印书馆，2012 年。
［3］贺雪峰：《新乡土中国（修订版）》，北京大学出版社，2013 年。
［4］黄爱朋、牟胜举、黄凯："精明增长理论对村庄规划编制的启示——以广州市萝岗区九龙镇麦村村庄规划为例"，《规划师》，2008 年第 11 期。
［5］黄鹤："精明收缩：应对城市衰退的规划策略及其在美国的实践"，《城市与区域规划研究》，2011年第 3 期。
［6］李凤桃："专访中国社科院城市发展与环境研究所副所长魏后凯：'中国将在 2050 年完成城镇化'"，《中国经济周刊》，2014 年第 9 期。
［7］李晓庆、王成、王利平等："农户对农村居民点整合的意愿及其驱动机制——以重庆市沙坪坝区曾家镇白林村为例"，《地理科学进展》，2013 年第 4 期。
［8］李佐军："中国进入'城镇化加速阶段后半场'"，2014 年 5 月 15 日，http://finance.sina.com.cn/roll/20140515/113419118683.shtml。
［9］梁鹤年："城市人"，《城市规划》，2012 年第 7 期。
［10］梁鹤年："再谈'城市人'——以人为本的城镇化"，《城市规划》，2014 年第 9 期。
［11］梁漱溟：《乡村建设理论》，上海人民出版社，2011 年。

［12］刘守英："中国的农业转型与政策选择"，《行政管理改革》，2013 年第 12 期。

［13］罗震东："基于真实意愿的差异化、宽谱系城镇化道路"，《国际城市规划》，2013 年第 3 期。

［14］罗震东："修得起，回得去——浙江省桐庐美丽乡村考察感想"，《乡村规划建设（第 3 辑）》，2015 年。

［15］温铁军："新农村建设急需解决农业三要素流出问题"，2008 年 9 月 23 日，http://news.xinhuanet.com/fortune/2008-09/23/content_10096537.htm。

［16］谢正伟、李和平："论乡村的'精明收缩'及其实现路径"，中国城市规划年会，2014 年。

［17］张京祥、申明锐、赵晨："乡村复兴：生产主义和后生产主义下的中国乡村转型"，《国际城市规划》，2014 年第 5 期。

［18］赵民、陈晨："我国城镇化的现实情景、理论诠释及政策思考"，《城市规划》，2013 年第 12 期。

［19］赵民、游猎、陈晨："论农村人居空间的'精明收缩'导向和规划策略"，《城市规划》，2015 年第 7 期。

徐州市新型城镇化与小城镇规划编制研究

张可远

摘　要　小城镇是城市与乡村的连接平台，是新型城镇化进程中的主力军，是实现城乡统筹发展的关键所在，完善的小城镇规划至关重要。然而，各小城镇在自然地理、社会经济、地域文化等方面存在差异，规划无统一的衡量指标，需因地制宜地开展规划编制工作。本文通过论述徐州市小城镇规划存在的问题，分析城镇转型期规划编制的困境，为做好小城镇规划编制工作提出对策、建议，以期为同类型小城镇规划发展提供借鉴和参考。

关键词　城镇化；徐州；小城镇；规划编制

新型城镇化要实现产业结构、就业方式、人居环境、社会保障等一系列由"乡"到"城"的重要转变；促进工业化和城镇化良性互动、城镇化和农业现代化相互协调；以人为核心，让广大人民共同分享城镇化的成果；走可持续发展之路，提高生态文明水平；以城市群作为主体形态，科学规划城市群规模和布局，增强中小城市和小城镇产业发展、公共服务、吸纳就业、人口集聚功能。新型城镇化总体要求为小城镇的发展规划指明了方向，也带来了挑战。

城镇化是乡村人口向城市人口转变的过程，小城镇是城镇化的主力军，农业现代化及城镇化发展的载体；小城镇建设能使其承担城市的部分功能，转移部分人口，改善环境，有效平衡城乡利益。小城镇是连接城市与农村的重要纽带，是实现城乡统筹发展的关键钥匙，其重要性不容忽视。然而，目前小城镇规划过程中出现的简单套用大中城市的规划编制方法，针对性不强；重镇区规划，轻镇域规划，忽视城乡统筹及城镇地域特色，千镇一面等问题的出现加大了城镇规划建设的难度，同时也引起了人们对小城镇规划编制工作的关注。

1　新型城镇化背景下的小城镇规划

新型城镇化是集约、智能、绿色、低碳的统一体，通过新型城镇化，最终能形成以工促农、以城带乡、工农互惠、城乡一体的新型工农、城乡关系，进一步推进城镇生态文明

作者简介

张可远，徐州市规划局副局长，博士，高级城市规划师。

建设。新型城镇化背景下开展小城镇规划编制工作是顺应社会发展，走"资源节约、环境友好"可持续发展道路的有效途径。新型城镇化注重科学规划，力求用最少的资源、最小的环境影响，促进城镇规模、经济实力、基础设施、生态环境等各方面协调合理发展，打造宜居、兴业、绿色的新型城镇。

徐州市积极探索新型城镇体系，构建"1530"新型城镇体系，即形成1个以徐州现代化特大型区域中心城市为龙头、5个中等城市为骨干、30个中心镇和小城镇为基础的城镇体系。徐州市选取各县（市、区）域内发展相对稳定、经济实力较强、存在发展为地区增长极潜力的城镇为中心镇，根据产业发展特色及区域地位，分为重点中心镇和特色小城镇，并组织编制中心镇规划。在把握城镇发展客观规律基础上，发挥"规划"的政策引导作用和政府的宏观调节作用，给中心镇以发展政策上的倾斜。

2013年以来，徐州市各县区遵循"协调推进城镇化，促进城乡发展一体化"的基本理念，以"美好城乡建设行动和重点中心镇、节点镇培育计划"为契机，加强全市各镇尤其是重点中心镇、特色镇的规划建设，推进中心镇提档升级，加快培养小城市，力争到2015年完成城镇总体规划、控制性详细规划全覆盖。

2 小城镇规划编制的重点和难点

由于历史原因，基础数据不对称（表现为数据缺失与数据更新慢两方面）、与上位规划衔接困难（各年度规划、各专项规划对城镇提出的定位及策略不一致等问题）、利益主体意见多样（规划综合性强，涉及政府、社会公众等多方利益主体）等制约着小城镇规划编制，因此，准确的规划定位、合理的人口规模、正确处理好交通及产业发展与小城镇之间的关系成为规划编制的重点与难点。

2.1 规划定位与城镇建设

作为指导城镇发展的纲领性结论，准确的规划定位是城镇发展的灵魂。规划定位在充分认识小城镇的基础上，提炼出城镇经济产业、人文教育、传统文化等方面的特色。规划定位也是一个动态的过程，一方面，各城镇在规划定位的指导下发展，突出城镇特色；另一方面，随着城镇的发展变化，需要开展规划修编工作，适时、适度地调整规划定位，与城镇现状及发展趋势相吻合。然而，由于对小城镇调研不够深入或与地方政府沟通欠缺等原因，目前的小城镇规划定位及发展战略以延续上位规划或依赖现状为主。另外，由于组织和编制单位不同及规划时限的差异性，城镇相关专项规划如区域交通规划、产业布局规划、旅游发展规划等，关于城镇功能定位、发展策略等内容存在差异。小城镇规划定位不准确或定位过多、无重点等现象，影响小城镇规划的编制及实施效果。

丰县梁寨镇总体规划在编制初期将其定位为"丰县重点中心镇、边贸重镇、工业强镇、农业旅游业特色镇"，并提出"发展特色农业、实现工业振兴、打造边贸重镇、创建旅游名镇、革新镇区形象"等城镇发展战略。邳州市宿羊山镇规划在编制初期从不同层面进行研究，将该镇定位为"邳州市大蒜产业中心、西北部片区教育服务业高地、西北片区公共服务设施高地、周边区域的商贸流通业中心及乡村特色宜居微城市"。两个镇的规划定位是在充分调研的基础上提出的，全面指出了城镇特色，但是存在着共性问题，即提出的规划定位较多，不能突出城镇发展重点、突显城镇特色，需要调整。

2.2 人口规模与城镇发展

对城镇人口现状的剖析、规模预测、人口来源分析等是小城镇规划编制的一项重要内容。城镇人口包括城镇户籍人口和常住人口，是城镇化率的计算指标。目前，小城镇人口主要包括镇区人口、镇域乡村人口、周边城镇人口及外来务工人员。产业发展与人口结构关系密切：充足的人口有利于城镇的发展，为产业发展提供劳动力服务，增加市场需求；产业发展为人口提供就业岗位，增加居民收入，并有助于完善环境建设。

然而，一方面，由于人口统计口径不一、数据资料不齐全、缺乏延续性，无法对现有城镇人口发展进行科学的分析；另一方面，地方政府盲目追求城镇化，导致规划编制中人口集聚过快，村庄合并力度大，实施性不强。如在宿羊山镇、安国镇、马陵山镇等规划的中期成果中，人口急速增加，且集聚至城镇，至 2020 年城镇化率达 80%—90%，为达规划指标而脱离实际，不仅给规划编制单位带来"凑人数"的难题，也给城镇的规模和用地布局带来不良影响。

2.3 过境交通与城镇布局

小城镇发展离不开交通骨架的支撑，便捷的交通为城镇发展提供较好的交通区位优势，有利于拓展市场、促进资源整合，提高产品的时间和空间效益，并给城镇居民的生活和工作带来便捷。随着交通干道呈线性增长格局，对于城镇发展来说，节约了道路工程，并实现了道路街区化；然而，过境交通不利于城镇的土地集约，大量的交通量给城镇发展带来安全隐患；对于交通本身而言，穿越城镇，影响道路交通的通行能力。如何权衡过境交通给城镇发展带来的正负效应，展开合理的规划编制工作，是地方政府及规划编制者要解决的难题。

2.4 产业发展与环境保护

城镇建设与产业发展在互动中并进：产业发展促进城镇经济发展、人口集聚，实现劳动力就近转移，增加农民收入，提高居民生活质量，是城镇发展的原动力，合理的产业布局有利于城镇土地的集约利用及用地结构的优化；城镇建设为产业发展提供便利的交通条件、完善的基础设施、优越的投资环境。然而，小城镇发展中产业基础薄弱、土地利用不合理、工业发展与生态环境之间的矛盾突出等问题阻碍了小城镇的现代化进程。

徐州市小城镇大致可分为工业型，如邳州碾庄镇、沛县龙固镇、铜山利国镇等；旅游型，如丰县大沙河镇、新沂窑湾古镇等；商贸型，如邳州宿羊山镇等，各类城镇发展由不同类型的产业作为支撑。目前，产业发展与城镇建设的矛盾突出表现在产业发展和环境保护方面：邳州市碾庄镇形成了以"五金工具和机械制造为核心，板材加工、食品工业、棉纺工业相支撑"的工业发展体系；沛县龙固镇形成了以煤化工、盐化工、光伏光电三大百亿元产业为核心，以编织机械、石墨电极、纺织、塑编产业为支撑的工业支柱体系。较强的工业基础为城镇发展提供动力，然而工业的发展必然会对环境造成一定危害。如何处理好产业发展与环境保护、城镇建设的关系，编制完善的规划，对引导城镇健康发展，促进产业发展与城镇建设的良性互动意义重大。

3 小城镇规划编制引导

3.1 明确功能定位，突出城镇发展特色

在小城镇规划编制过程中，地方政府应明确城镇发展思路，建立包括城镇发展历程、产业调整、各项规划等在内的城镇基础资料数据库，并积极配合规划编制单位的工作，为其提供全面、准确的数据资料及合理、科学的规划思路，促进规划编制的完善。

新型城镇化强调规划的科学合理及城镇的和谐发展，以此为原则，徐州中心镇规划经过多轮专家论证及与市、县区、地方政府的沟通和交流等方式，将梁寨镇定位调整为旅游商贸重镇，充分利用了渊子湖、状元碑、程子书院等文化资源及商贸农产品交易市场等优势；将宿羊山镇定位为工业商贸重镇，突出其大蒜加工及流通的产业发展特色。

3.2 界定人口规模，提高规划科学性

乡村居民点的减少是城镇化发展的必然，但大跃进式的集聚形式及突然增长的人口使乡村逐渐城镇化，原有的乡村景观、特色逐渐消失。居民集聚与现代社会经济的发展相适应的发展规律被忽视。小城镇规划中应展开科学的人口预测，通过充分的环境（城镇及周边环境）分析，按照当地发展实际（产业、人口集聚、人口迁移规律等），经多方论证研究，界定合理的人口规模。重视与人口规模配套的公共服务设施的配置，通过宜居的住区

规划、完善的公服配套、充裕的岗位等为居民创建宜居、便捷的生活与工作环境，提高城镇的吸引力（图1）。

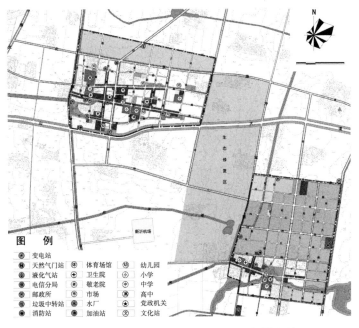

图 1　公共服务设施规划——新沂市棋盘镇

2013年徐州市中心镇规划经过多方论证，对马陵山镇初步规划人口进行调整，最终形成至2030年镇区人口5万人、镇域人口8万人、城镇化率62.5%的合理规模；宿羊山镇城镇化率由规划初期的90%调整至70%，镇域人口由11.34万人调整至10万人，符合人口增长规律及城镇发展速度。合理的人口规模为新型城镇化体系的构建提供了稳定的基础，也为规划的科学性、合理性增添了一份力量。

3.3　引导发展方向，缓解城镇发展矛盾

便捷的交通为城镇发展提供较好的交通区位优势，实现城镇对外联系，减少运输时间、货物保存、损耗及运输成本，提高产品的时间和空间效益；有利于拓展市场、促进资源整合，并给城镇居民生活和工作带来便捷。规划中应注意交通干道的线性增长格局对土地集约利用的不利因素；避免过境道路对城镇发展造成不良的影响。

徐州市跨越过境交通发展的城镇主要包括两类。一类是沿交通干线发展，道路两侧规模较大的城镇，如枣泗公路南北向贯通的邳州宿羊山镇（图2）；323省道穿越的新沂草桥镇，道路两侧以工业和居住为主；徐州外环公路及104国道交叉穿越的铜山区张集镇。规划对于已在过境交通两侧呈规模化发展的城镇，采取过境交通改线的方式调整城镇发展与

道路交通的关系，做好城镇规划与交通规划的衔接，交通改线尽量少穿越村庄并综合考虑城镇的发展需要，为城镇预留充足的发展空间。另一类是城镇发展与过境交通互相影响较小，表现为城镇紧邻道路发展或有跨过境道路发展的趋势。对于这一类型城镇，规划引导弱化跨交通干线区域的发展，引导城镇沿交通干线一侧发展，减小城镇发展与交通干道的相互影响。沛县敬安镇（图3），省道徐丰公路穿越镇区，镇区主要集中在丰县东侧，规划引导城镇弱化其在徐丰公路西侧的发展，强化丰富东侧的发展；丰县华山镇，徐丰公路呈东西向穿镇而过，镇区主要集中在徐丰公路的北侧，公路南侧有部分居住和工业，但规模较小，规划引导华山镇强化其在北侧的发展。处理好过境交通与城镇发展的关系，缓解发展与过境交通的矛盾，有效贯彻了新型城镇化集约、智能的要求，为城镇发展指引了正确的发展方向及有力的发展策略，为城镇居民创造了安全、便利的生活与工作环境，体现了"以人为本"的原则，在规划编制中至关重要。

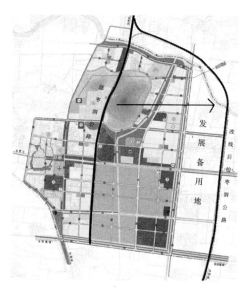

图 2　宿羊山镇的交通改线

图 3　沛县敬安镇镇区现状和镇区规划

3.4　协调产城关系，实现区域统筹发展

小城镇规划应以新型城镇化发展为目标，重视产业布局，明确产业发展方向，把握发展特色性，凸显城镇个性和内涵，并与周边城镇形成合理分工，实现错位和区域协调发展。规划应处理好产业与城镇居住、商贸等用地的空间关系：通过产业集聚发展、增加绿化隔离设施等方式，减少产业发展对城镇发展和居民生活带来的不良影响；通过合理的交通组织流线缩短职工的上班距离，产业集中区布置商贸服务功能，发挥人口、商贸等对产业发展的促进作用，实现产城协调发展。

徐州市重点中心镇规划对不同类型的城镇因地制宜地提出产业布局引导（表1），主要分为两类。① 局部集中布置如旅游特色产品、农副产品加工等无污染或污染较小的产业，并通过绿化隔离减少产业对居住、商贸等其他功能的干扰，如港上镇（图4）、柳新镇（图5）、铁富镇等在镇区范围内集中布置工业，通过绿化景观廊道与居住区之间形成良好的隔离，实现生产、生活两不误。② 对限制或禁止工业发展类的城镇采用异地发展模式，将工业移至城区或周边工业集中区，如华山镇、高流镇等，在本镇区不布置工业，全部移至当地工业集中区，实现工业集中、高效发展，有效避免工业发展对城镇建设的影响。这也是实现区域共建、提高资源的综合利用率、避免重复建设的重要措施，体现新型城镇化集约、绿色、低碳目标，促进以工促农、以城带乡、工农互惠的城乡统筹发展格局的形成和完善。

表1　2013年徐州市重点中心镇类别

类　别	城　镇
优化工业发展类	沛县龙固镇；新沂市棋盘镇、草桥镇；铜山区利国镇、柳新镇、张集镇；贾汪区青山泉镇
鼓励工业发展类	丰县欢口镇；沛县敬安镇、张庄镇、安国镇；睢宁县双沟镇；邳州市宿羊山镇、土山镇、铁富镇、碾庄镇；新沂市高流镇；铜山区郑集镇、大许镇
限制工业发展类	丰县赵庄镇、梁寨镇、华山镇；沛县魏庙镇；睢宁县李集镇、凌城镇
禁止工业发展类	丰县大沙河镇；睢宁县古邳镇；邳州市港上镇；新沂市窑湾镇、马陵山镇

资料来源：依据"徐州市2013年乡镇科学发展分类考核各镇（办事处）类别"整理。

3.5　构建绿色体系，推进生态城镇建设

贯彻低碳、绿色理念，优化城镇产业结构、实现资源循环利用，加强功能混合、构筑绿色生态廊道，引导城镇绿色发展，是当前小城镇实现可持续发展的必经之路。徐州市小城镇规划遵循"以人为本"的原则，以创建绿色、低碳的新型城镇为目的，重视绿地规划布局及城镇品质的提升。规划要求严格落实生态绿地的各项控制指标，充分利用城镇道路绿化、滨水绿化及集中绿地资源，打造绿廊、绿轴，创造宜居的生态环境；因地制宜布置

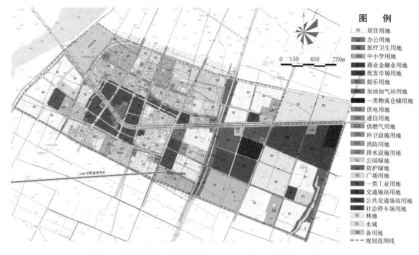

图4 重点中心镇规划一——港上镇镇区规划

图5 重点中心镇规划二——柳新镇工业用地规划

产业，加强城镇工业集中区建设，构建绿色产业体系，协调产业和城镇建设的关系，将产业发展对城镇的环境影响最小化；延续城镇历史文脉，保护和弘扬城镇文化，打造具有历史记忆、地域特色、民族特点的美丽城镇，以期实现环境、产业、文化生态化发展的目标。

新沂市马陵山镇（图6）以"山、城、河"优美的自然与人文环境为特色，以文化、生态和农业旅游为主要内容，打造集农业观光、养生休闲、生态体验、民俗和乡土美食体验等产品于一体的苏北特色旅游小城市，规划中绿地面积占总用地面积的23.89%，镇区以居住及配套服务功能为主，以旅游业支撑城镇发展。

　　窑湾镇规划梳理整合丰富的自然水系资源，增加绿色空间，合理解决生态环境保护与土地开发之间的矛盾，将窑湾镇区打造成生态宜居区域，自然绿水沁入城镇中。

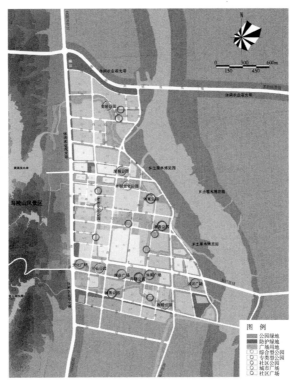

图 6　新沂马陵山镇绿地景观系统

4　结语

　　规划是一门综合学科，新型城镇化背景下小城镇发展模式多样，徐州市小城镇规划编制研究对于其他地区尤其是苏北地区同类型小城镇规划具有较强的借鉴意义。规划编制者应遵循新型城镇化的构建标准，在充分调查研究的基础上准确把握城镇定位，协调好人口增长、村庄布局、交通延伸、产业发展及环境保护问题；选择正确的发展方向，确定合理的城镇布局，提高居民主动参与规划的意识，改善其对城镇开展的各项规划形成"纸上画画、墙上挂挂"的印象，提高社会对规划的认可度；秉承以人为本、因地制宜的原则创造宜居、美丽新型城镇，实现城乡统筹发展并兼顾各利益主体的利益。

参考文献

［1］白雪华："城市土地整理规划研究"，《浙江大学》，2003 年第 5 期。

［2］郭健："城乡统筹背景下小城镇总体规划编制方法探析"，《城市规划》，2011年第9期。

［3］彭冲、吕传廷："新形势下广州控制性详细规划全覆盖的探索与实践"，《城市规划》，2013年第7期。

［4］仇保兴："共生理念与生态城市"，《城市规划》，2013年第9期。

［5］周银波、蓝桃彪、毕婧："城乡发展一体化下乡村居民点合理集聚的方式"，《城市规划》，2013年第9期。

美丽乡村建设的再认识与实践思考

——以浙江为例

张晓红

摘 要 美丽乡村建设是美丽中国建设的重要内容。本文介绍了浙江美丽乡村建设的实践和建设成效,分享了安吉县、桐庐县的建设经验,并对新形势下浙江美丽乡村建设路径进行了再思考。

关键词 美丽乡村;浙江实践;再认识

浙江在全国是经济较为发达的省份之一,也是城乡之间差距较小的省份之一。在推进新型城镇化过程中,浙江一直坚持走城乡统筹和城乡一体化发展的道路,协调推进新型城镇化与新农村建设。

2003年,浙江省委、省政府做出了实施"千村示范、万村整治"工程的重大决策,揭开了浙江美丽乡村建设的宏伟篇章。12年来,浙江按照习近平同志"一张蓝图绘到底、一任接着一任干"的要求,统一规划,分步实施,逐步深入。从人居环境、基础设施和公共服务建设起步,根据社会进步不断拓展建设内容,形成了整体推进美丽乡村建设的格局。到2013年年底,全省共有2.7万个村庄完成了环境整治,村庄整治率达到94%,成功打造了35个美丽乡村创建先进县。这项工程使浙江农村发生了脱胎换骨的变化,曾经"丑陋"的传统乡村正变成农民幸福生活的美好家园。

1 浙江美丽乡村建设的实践探索与建设成效

1.1 浙江美丽乡村建设实践

浙江的美丽乡村建设大致经历了三个阶段。第一阶段为示范引领阶段(2003—2007年),这一时期的主要任务是整治村庄环境脏乱差问题,改善农村生产生活条件。五年中全省建成了1 181个全面小康示范村和10 303个环境整治村,农村局部面貌发生了变化。第

作者简介

张晓红,浙江省城市化发展研究中心主任。

二阶段是普遍推进阶段（2008—2012 年），这一时期主要是按照城乡基本公共服务均等化的要求，以生活垃圾收集、生活污水治理等为重点，从源头上推进农村环境综合整治。经过五年的努力，全省完成了 16 486 个村的环境综合整治，全省大多数村庄的面貌发生了整体变化。第三阶段为深化提升阶段（2013 年以来），主要是提质扩面，开展整乡整镇环境综合整治，把生态文明建设贯穿到新农村建设各个方面，推进"四美三宜二园"的美丽乡村建设，农村面貌发生了"质"的变化。

1.2　浙江美丽乡村建设的成效

美丽乡村建设是推进新型城镇化的重要举措。我国的城乡发展很不平衡，美丽乡村建设，通过村庄改造和基础设施建设，能实现城乡公共服务均等化；通过产业融合互动发展，能加快农村居民转移就业，促进城乡经济共同发展；通过体制机制创新，能促进城乡一体化，推进"人"的城镇化。

浙江美丽乡村建设工作归纳起来主要包括以下几个方面：注重规划引领，创新管理机制，提升公共设施的服务功能，改善生态环境和居住环境，提高居民生活水平，保护传统文化，鼓励乡村产业多元化，发展乡村经济和实现文化复兴。

浙江的美丽乡村建设也成为农民增加收入的重要途径。美丽乡村建设不仅完善了农村基础设施，改善了农村人居环境，提升了农村的基本公共服务，提高了农民的生活质量，而且也加快了农村产业的转型升级，使农民增收。

自 2003 年实施"千村示范、万村整治"工程以来，浙江农村常住居民人均纯收入稳步增长，截至 2013 年达到了 16 106 元，同比增长 10.7%，比 2003 年增长了 1.97 倍（表 1）。

表 1　浙江农村常住居民人均纯收入

年份	2003	2005	2007	2008	2009	2010	2011	2012	2013
农村常住居民人均纯收入（元）	5 431	6 660	8 265	9 258	10 007	11 303	13 071	14 552	16 106

浙江的美丽乡村建设也为社会利益团体创收提供了新机会。浙江鼓励社会力量参与美丽乡村建设。美丽乡村建设中的农房改造、环保项目建设、现代农业和农家乐特色旅游的发展，都为社会资本的进入提供了很多机会。

2　安吉县与桐庐县的经验

在浙江全省美丽乡村建设过程中，安吉、桐庐两县走在了前列，并取得一些先进经验。

安吉县从 2008 年起就全面开展"中国美丽乡村"建设行动，截至 2013 年，安吉县已建成"中国美丽乡村"精品村 164 个、重点村 12 个、特色村 3 个，覆盖面积达到 95.7%。全县 15 个乡镇中有 12 个乡镇实现了美丽乡村全覆盖，实现了从"试点"到"示范"的跨越。

安吉县美丽乡村建设有五大特色。一是规划本土化。依据"四美"（构建整体美，尊重自然美，注重个性美，侧重现代美）要求编写了《乡村风貌营造技术导则》和《中国美丽乡村建设总体规划》。规划根据"专家设计、社会征询、村民讨论"的方法编制，通过"五议两公开"的程序确保了村庄规划设计的科学合理。二是乡村特色化。在美丽乡村创建过程中，安吉各乡镇、村庄注重对当地饱含历史印记和文化符号的民房（高家大院）、古宅（昌硕故居）、老街（孝丰南街）等古建筑的保护，并结合当地经济社会发展赋予其现代的新内涵。三是建设标准化。安吉在围绕"村村优美、家家创业、处处和谐、人人幸福"四大类目标的基础上，将美丽乡村建设细化为 36 项具体指标，并制定了 100 分标准。四是产业多元化。安吉立足本地生态环境资源优势，大力发展现代农业、生态农业、生物医药、绿色食品、休闲旅游业和新能源新材料等新兴产业。五是管理长效化。安吉的美丽乡村建设已经从规划、建设转向管理和经营，制定了美丽乡村物业管理办法，设立了"美丽乡村长效物业管理基金"，建立了"乡镇物业中心"，并强化管理的监督考核。

桐庐县把全县 183 个行政村作为一个景区来规划，把每个示范村作为一个景点来建设，通过实施农村生态环境提升行动、农村生态经济推进行动、农村生态文化培育行动、农村生态人居建设行动四大行动，推进农村生态环境体系、农村生态人居体系、农村生态文化体系和农村生态经济体系四大体系的建设，走出了一条以打造优质环境为核心的特色化、品质化、产业化的美丽乡村建设之路。由荻浦、深澳、徐畈、环溪四个国家级历史文化名村构成的深澳古村落群，是桐庐县精心打造的"最美古村落群"。其中荻浦村重点挖掘"古

图 1　环溪村："莲"主题挖掘

树、古孝义、古戏曲、古造纸"四大特色古文化，重点开展了"古建筑修缮利用、古文化发掘传承、古生态整治提升、古村落产业开发"四大工程，整体提升了获浦村的文化底蕴和环境质量。环溪村则充分挖掘"莲"文化，并将它与产业培育、景观塑造和精神文明建设结合起来，不断强化"清莲环溪"的村庄品牌，实现了村庄环境与经济效益、社会效益的综合提升（图1）。

3 浙江美丽乡村建设的再思考

浙江美丽乡村建设在路径、模式与方法、政策、人才选用等方面，取得了很多有益的经验。但也和全国其他省份一样，难免会走一些弯路，存在着如以政府推动为主，农民参与度不高；短期建设见效快，但长期维护难等诸多问题。当前，浙江的美丽乡村建设还处于转型升级的关键阶段，需要认真分析，再探索，再认识。

3.1 路径的可复制

浙江美丽乡村建设经历了示范引领、普遍推行到深化提升三个阶段，要使"浙江模式"再推广、可复制，需要考虑资金的可承受、人才的供应、政策的支撑以及目标的可行性四个方面。

资金可承受。大规模、大成本的投入是无法复制的，不能被推广。村集体经济实体少，正常运转主要依赖上级财政的转移支付，一些村已经是"空壳"村，对美丽乡村建设的投入有限，因此应在有限的、可承受的资金总量约束下，对规划编制、项目管理、建设标准等提出一般性的统一要求，以指导今后的建设。

人才本地化。农民是生产者、建设者、创造者、所有者，其决定了产业和乡村的命运。目前，农村的青壮年劳动力大部分外出务工，留守在家的大多是儿童、妇女和老人，缺少高素质的基层干部和专业化人才，而引进的高层次专业人才成本过高。因此需要建立村民教育和干部培养的长效机制，注重提升本地村民的文化素质水平，积极开展农民再教育，选拔和培养有能力的基层干部，让素质高、技能强的农村实用人才队伍留得住、用得上、发展好。

政策可支撑。美丽乡村的建设离不开政府的支持。打造美丽乡村，既需要高起点、宽视野的规划，又需要大量资金投入到各项基础设施建设之中，还需要统筹协调各乡村建设的特色，这些工作都需要政府的大力支持和强有力的帮助。浙江在美丽乡村建设方面，形成了美丽乡村建设行动纲要、发展规划、建设标准、考核验收等一系列相对独立又有机统一的制度体系。各级党委、政府在执行政策时也始终坚持将尊重农民意愿贯穿于工作的始终。

目标可行性。实行分类指导，一切从实际出发，注意区分不同地区、不同类型农村的情况，注意把握好建设力度、推进速度与财力承受度、农民接受度的关系，注意目标的可行性，不搞"一刀切"，不搞大拆大建和重复建设。

3.2　特征的可辨识

美丽乡村建设应当因地制宜，尊重差异性，在自身文化传承的基础上，挖掘自身特色，进行形象再塑，丰富和提升内涵，让美丽乡村更具魅力。

文化传承。重视发掘乡土文化，让传统文化生辉。通过传承龙舞狮舞等乡土文化资源、扬名本地传统美食文化、收集传统民间故事、举办传统文化节日、构建乡村文化景观等一系列举措，将乡土文化打造成一个个具有广泛群众基础、富有浓郁地方特色的品牌，使乡村能拥有自己特定的文化符号和标志。

特色挖掘。乡村之美，固然在于乡村优美的田园风光，但如果千村一面，则会缺乏生机和活力，容易导致视觉疲劳。因此，美丽乡村建设，必须注重特色挖掘，要善于挖掘利用当地的风土人情、传统习俗、历史古迹，整合生态资源与人文资源，展现独特魅力。这既能提升和展现乡村的文化品位，也能让绵延的地方历史文脉得以有效传承，还可以从产业发展、景观改造等方面入手，实现"一村一景"、"一村一品"，充分彰显乡村的特色和韵味。

形象再塑。在美丽乡村建设的具体工作中，除了传承传统文化，挖掘地方特色，还可以进行形象的再塑。如桐庐县江南镇荻浦村，将闲置多年的牛栏猪舍改造成了牛栏咖啡和猪栏茶吧，既保存了游客对农村乡愁的记忆，又注入了现代小资生活的时尚元素，成为一道独特的风景。

3.3　发展的可持续

可持续的发展，指满足当前需要而又不削弱子孙后代满足其需要之能力的发展。建设美丽乡村，一定要解决土地浪费、环境污染及生态破坏等问题，高扬生态文化理念，走可持续发展的道路。

美丽乡村发展的可持续要有"居家过日子"的理念，在完善市政基础设施和公共服务设施，提高农民生活质量的同时，尽可能使村民体会到原有的生活与交往氛围，产生心理上的满足感和归属感。

只有美景没有美德，美景是保不住的，美丽乡村建设不仅要促进人与自然的和谐相处，注重生态文明建设，还要弘扬传统文化，充实农民的精神，更要调动广大农民的积极性，这样才能建设可持续发展的美丽乡村。

参考文献

［1］赖惠娟："浅析古村落资源转化为发展资本的富民之路——以江南古村落保护开发为例"，《经济研究导刊》，2014年第1期。

［2］卢美贞、蓝文权："浙江省美丽乡村建设现状与建议"，《浙江农业科学》，2014年第1期。

［3］王婵："美丽乡村：打造美丽浙江的生动实践"，《浙江日报》，2014年8月6日。

［4］夏宝龙："美丽乡村建设的浙江实践"，《求是》，2014年第5期。

［5］岳逸飞："乡村社会的行政法治秩序分析——以农民土地权益为视角"（硕士论文），华中师范大学，2007年。

保护文化生态　营造水乡田园

——苏州市吴中区"美丽乡村"的实践与思考

沈伟民

摘　要　乡村文明是中华民族文明史的主体，村庄是这种文明的载体。苏州市吴中区作为我国江南地区一个十分典型的范例，始终坚持"让城市更像城市、农村更像农村"的城乡一体化发展理念，保护文化生态，营造水乡田园。本文以苏州市吴中区为例，探讨"美丽乡村"实践的经验与启示。

关键词　生态；乡村；江南水乡；田园风光；文化传承

进入 21 世纪以来，苏州市吴中区以建设"美丽乡村"为目标，不断探索符合时代特征、具有吴中特点、适合区情实际的实践之路，一个个乡村群落，更为灿烂、更富魅力、更加持久，成为苏州千年古城周边的璀璨群星。

1　"美丽乡村"实践的思想认识

美丽乡村，美在"让居民望得见山、看得见水、记得住乡愁"。在美丽乡村规划、建设和管理实践中，我们从吴中区的特点和优势出发，坚持因地制宜，注重以人为本，努力打造"四型村庄"。

（1）以"水"为媒，打造"江南水乡型"村庄。吴中区地处太湖流域，是典型的江南水乡，河道纵横交错，池塘成片，水网贯穿全境。特别是东部甪直车坊地区，几乎所有村落都是依河而建，两旁树木竹林青翠欲滴，呈现小桥流水的生态特色。经过一轮村庄环境整治，形成了一批如胥口寺前、临湖南港、甪直龚家浜等江南水乡型的自然村庄。

（2）以"田"为介，打造"田园风光型"村庄。利用东、中部连片农田种植水稻、油菜和"水八仙"生态优势，营造农田大地景观，优化村庄整体轮廓，突出环境提升、功能配套、道路贯通，保持村庄原生态的田园风光，涌现出一批如横泾陈家浜、东林渡、林家浜、甪直田肚浜等田园风光型的自然村庄。

作者简介

沈伟民，苏州市吴中区人民政府副区长。

（3）以"山"为景，打造"生态自然型"村庄。东山、金庭、光福等西部山陵地区坐落着大批小山村，依山傍水，茶果成林，如东山杨湾、金庭秉常、光福香雪、越溪旺山等村庄，山水特色鲜明。在村庄整治建设过程中，重点突出自然生态保护，努力营造人居与自然的融合发展，体现山村风光的村落环境。

（4）以"古"为质，打造"文化传承型"村庄。吴中区历史文化底蕴深厚，全区有 5 处中国历史文化名村、10 处中国传统村落，区域文保单位主要集中在十几个古村落中，占比达到了 95%。按照保护古村落、弘扬古文化的原则，将村庄环境整治与挖掘旅游文化资源相结合，对金庭明月湾、东村，东山陆巷、三山岛等古村落，以历史遗迹和古建筑保护为重点，突出吴文化传承，展示吴文化内涵，形成一片生态、人文兼具的魅力乡村。

2 "美丽乡村"实践的关键环节

2005 年，中央提出建设社会主义新农村，吴中区"美丽乡村"建设起步，通过每年推进 20—30 个重点整治村建设，涌现出一批以旺山村为代表的特色农村村庄。2011 年，吴中区制定并实施了《吴中区城乡环境提升工程三年行动计划（2011—2013 年）》，以此为标志，又全面推进并完成了 1 167 个自然村的环境整治。2013 年 6 月，苏州市委、市政府推出美丽镇村建设的实践，吴中区抢抓这一机遇，重点实施了 10 个苏州市美丽村庄示范点和 5 个吴中区"美丽镇村"示范点建设。在此基础上，2015 年，吴中区以实施"美丽乡村建设行动计划（2015—2020 年）"为新的起点，计划用六年时间，按照"农业要强、农村要美、农民要富"的要求，对 109 个特色村、408 个重点村和 421 个无撤并计划的一般村，分别根据美丽村庄、康居乡村和安居乡村标准进行提标升级，让所有乡村展现新颜。在"美丽乡村"实践中，主要把握了以下四个环节。

（1）注重规划设计。科学规划是美丽乡村建设的前提，在规划设计中，坚持生态保护、产业发展和地方特色三者结合，统筹考虑自然生态、村庄布局、产业结构、人文环境和发展方向，确保建设的前瞻性、科学性、合理性、操作性以及生态的承载能力，形成了"江南水乡型"、"田园风光型"、"生态自然型"、"文化传承型"等独具吴中特色的美丽乡村建设模式，做到了既充分彰显江南水乡特色乡村风貌，又有效避免了"千村一面"的现象。

（2）注重产业导入。产业导入是美丽村庄建设的内在动力和关键。吴中区遵循"一村一品"的发展理念，因地制宜地引导村庄发展产业，着力打造以澄湖产业园为核心的"水八仙"特色产业带、东西山环岛的历史文化旅游带、横泾泾南路沿线田园风光带、临湖沿太湖区域慢生活节奏带、旺山和张桥片区农家乐休闲带、穹窿山和藏书板块的藏书美食生态带共六条独具吴中特色的美丽村庄产业带。

（3）注重资金保障。美丽乡村建设投入大，必须有强有力的资金投入作保障。吴中区坚持公共财政向农村倾斜，每年投入农村各项社会事业资金超过10亿元。2012年，吴中区财政设立1亿元的村庄环境整治专项扶持资金，通过以奖代补等方式扶持补贴，各镇（区、街道）均建立了相应的财政资金保障制度。仅2011—2013年，全区就投入村庄整治资金达12.26亿元。2015年，为推动"吴中区美丽乡村建设行动计划（2015—2020年）"的顺利实施，吴中区进一步由财政设立专项资金，所有建设资金多由区、镇财政承担，预计六年内将投入超过40亿元，其中2015年投入达7.2亿元。

（4）注重长效管理。美丽乡村建设，三分在建，七分在管。吴中区出台《农村村庄环境长效管理的实施意见》，明确提出确保生活垃圾集中收集处理、确保村内主要道路环境洁化、确保河道清洁卫生、确保村内公共设施完好等"六个确保"要求，全区合计配备的"三位一体"村庄保洁员队伍超过5 000人。引导每个自然村聘用有威望、敢说话的村民代表作为监督员，监督保洁落实情况，劝导村民规范日常行为，促进农村环境治理及长效管理常态化。同时注重抓好宣传教育，努力营造全社会关心、支持和参与村庄环境整治的良好氛围。

3　"美丽乡村"实践的明显成效

在"美丽乡村"四个环节的实践中，吴中区注重做到"三个坚持"：坚持由点到面，既注重示范引路，又注重全域整治；坚持由内到外，绝不搞简单的"穿衣戴帽"，而是推进生态、形态、业态的"三态合一"；坚持由表及里，既注重硬件建设，又注重引入城市管理理念。"三个坚持"使得"美丽乡村"初步实现了"四个明显变化"，努力让广大农民有了更多的"获得感"。

（1）基础设施和人居环境有了明显变化。农村村容村貌焕然一新，形成了顺畅的路网，清除了河道的淤泥，改建和新建了一批冲水式卫生厕所，农村改水、改厕率分别达到100%和96.2%，治理了乱搭滥建现象，建立了生产生活垃圾的集中收集和及时清运系统，增加了公共绿化面积和公共文体设施，自然与生态相得益彰。全区绿化覆盖率超过30%，先后建成苏州太湖湖滨湿地公园和苏州太湖三山岛湿地公园两个国家级湿地公园。

（2）生产条件和生产方式有了明显变化。农村经济的可持续发展能力明显增强，道路、水电、通信等基础设施的健全和"脏乱差"环境的整治，不仅方便了群众生活、改变了村容村貌，更重要的是优化了用地结构，实现了资源整合，提高了土地利用率，为这些村庄因地制宜地调整产业结构、农业特色产业的崛起以及旅游服务业的发展创造了良好的条件。如结合美丽乡村建设，全区培育形成了赏茶品茶、果品采摘、湖鲜品尝等八大农业旅游系列产品、20 余条农业旅游特色线路、40 多个农业休闲旅游景区（点），其中国家级农业旅游示范点 7 个、省级星级农家乐 47 家，有力推进了都市农业、观光农业、生态休闲旅游产业的发展。

（3）农民生活水平和生活质量有了明显变化。农村生活环境和生产条件的改善，特色产业和农村经济的发展，使越来越多农民的生活发生了显著的变化。美丽乡村建设不仅强化了道路、供排水等基础设施，更扩大了公共产品和公共服务的供给量与覆盖面，明显改善了农民群众的生活质量。截至目前，全区已建成 10 座集中式城镇污水处理厂及 1 000 多公里配套管网，基本建成覆盖城乡的污水处理体系，农村生活污水处理率达到 70% 以上，农村社区服务中心实现了行政村全覆盖，卫生服务体系健全率达到 100%，村民"15 分钟健康圈"和"15 分钟文化圈"基本形成。

（4）农民精神风貌和文明素质有了明显变化。随着美丽乡村建设的推进，农民的思想观念、行为习惯和价值取向也在悄悄地改变，特别是通过亲身参与建设，农民群众的科学规划意识、环境保护意识、公共卫生意识和社会公德意识得到普遍增强；越来越多的农民开始摒弃生活的陋习，珍惜村容村貌，配合村庄管理，维护环境卫生，崇尚文明健康的行为和习惯。

转型期农业文化遗产地乡村规划研究

——以当涂大公圩为例

郑　重　董　卫

摘　要　农业文化遗产具有实用价值、生态价值、历史文化价值、艺术景观价值和科学研究价值等本体价值，基于本体价值保护性开发的经济价值、社会价值和功能价值等衍生价值的发挥对于乡村社会发展和农村文化大繁荣具有深远意义。创建适宜新时期乡村社会发展和农业文化遗产保护的新型乡村空间是遗产地乡村规划的核心宗旨，基于农业文化遗产保护利用的乡村产业结构调整和空间格局优化是根本途径。文章以当涂大公圩为例，深入剖析转型期农业文化遗产的保护利用与乡村发展的矛盾性和统一性，展开对农业文化遗产的价值体系和保护利用方式的探讨；在明确了遗产地乡村未来发展方向的基础上，通过对遗产地乡村规划的特殊性和复杂性的把握，阐述乡村规划的基本思路和核心要点；同时，结合矛盾本质，提出遗产地乡村发展的五大策略。

关键词　农业文化遗产；保护利用；乡村规划

　　农业文化遗产是人类文明进程中最本源、最具生命力的文化遗产。目前，农业文化遗产在中国遗产保护体系中的地位尚未明确，保护力度欠缺，城镇化浪潮严重威胁其的生存发展。近年来启动的"全球重要农业文化遗产"[①]、"中国重要农业文化遗产"[②]项目掀起了农业文化遗产研究的热潮。

1　农业文化遗产的概念

　　目前国内对农业文化遗产的概念还未形成统一的定义，为满足我国领域广阔、类型多样、内涵丰富的农业文化遗产的保护和发展要求，本文将"农业文化遗产"定义为：农村与其所处自然环境在长期协同进化和动态适应的过程中形成的、与人类农事活动密切相关的、重要的物质和非物质文化遗存综合体系，既包括有形的遗产，如农业遗址、农业物种、农业工程、农业景观、农业聚落，也包括无形的遗产，如农业技术、农业工具、农业文献、

作者简介

郑重，浙江省城乡规划设计研究院，规划师；
董卫，东南大学建筑学院教授，博士生导师。

农业特产、农业民俗文化等。农业文化遗产具有活态性、动态性、适应性、复合性、战略性、多功能性和可持续性等特征（表 1）。

表 1　农业文化遗产的特征

遗产特征	特征描述
活态性	主要强调人在农业生产系统中的重要意义，农民参与农业生产过程，是农业文化遗产的传承者、拥有者，更是遗产保持的主体之一，是农业文化遗产的重要组成部分
动态性	主要体现在农业生产过程中各种要素，如土地利用系统、农业景观和农业生产技术等，都随着时代背景的改变而发生变化
适应性	主要体现在不同区域和自然条件下农业生产方式、物种结构、技术水平等存在差异，物种在长期进化过程中对生存环境适应的特性
复合性	主要强调农业文化遗产是包含物质和非物质遗存的综合体系，也是典型的社会—经济—自然复合生态系统，具有自然遗产、文化遗产、非物质文化遗产和文化景观遗产的综合特点
战略性	主要体现在农业文化遗产中所具有的生态合理性和科学性能够为现代农业的发展所借鉴，其所包含的重要的是环境效益和文化效益，也关乎人类未来的生存和发展
多功能性	主要强调农业除生产功能外还具有众多其他衍生功能，如艺术景观功能、生态功能和文化教育功能等，这些功能和价值的挖掘是农业文化遗产开发利用的基础
可持续性	主要体现在生态系统对环境适应具有可持续性、农业遗产的保护和利用对传统文化的传承以及农业社区可持续发展的重要意义

2　圩田文化与大公圩

圩田是中国传统农业中一种重要的土地利用形式，是我国古代劳动人民在地势低洼、河汊纵横、湖泊棋布的地形环境中筑堤围水的水利田。田有圩堤，防御外河水势；堤有闸门，根据圩田内河外河水位差，启闭闸门，调节圩内水环境；圩内沟渠纵横，既可抗御旱涝，又可排泄积水。圩田不仅增加了水土资源，在高产稳产方面还具有诸多优越性。圩区"畦畎相望"、"阡陌如绣"的沼泽景观与圩岸、聚落、圩田中的稻麦以及其他植被，再加上动物与人，形成具有动态性和典型湿地地貌的乡村景观。圩田具有田字形、多边形、羽状水网和直条块状等图形结构，每一种图形结构的圩田所反映的自然和人文背景各不相同。圩田文化体现在工程性、生产性、景观性和社会性上。

位于苏皖交接地当涂的大公圩是典型的农业景观类和农业工程类遗产地。三国时期，东吴在古丹阳湖屯兵垦殖，拉开了大公圩圩田开发的序幕；西晋至宋代，北方战乱，大量移民来到当涂，开辟圩田，大公圩不断扩张；两宋时达到全盛，明清时期日趋完善（表 2）。

表 2 大公圩的历史演变

年代	大事件
三国时期	东吴在古丹阳湖屯兵垦殖，拉开了大公圩的圈垦序幕
西晋至宋代	北方战乱，大量移民来到当涂，开辟圩田，大公圩不断扩张
宋代	大范围围垦导致泥沙淤积，湖床、河床日益增高，大公圩地区水患明显增多。智慧的大公圩民众率先对传统的筑圩方式进行革新，创造了"联圩"的筑圩方式。通过筑外围大堤，将54座小圩联并起来，缩短了防洪堤线。联圩后，大公圩正式称作"大官圩"
明万历至清代道光年间	大官圩依据其他地理条件，形成独特的圩区结构和严密的防汛制度，在修防上积累了丰富的经验，并在水利兴修上具备了一整套较高的水利技术
清代道光至光绪年间	大官圩水灾频繁，圩堤屡溃，民不聊生，昔日盛极一时的官圩迅速走向衰落
民国二十年	18座小圩并入大官圩，改称"大公圩"
1949—1974年	又有12座小圩并入，遂成今貌，成为"江南首圩"

历经千年沧海桑田，如今的大公圩坐落在李白归隐地大青山脚下，固城湖、南漪湖环抱之中，东临石臼湖，西望巢湖，青弋江、水阳江、姑溪河、芜申运河等绕圩而过，境内圩田万亩，沟渠纵横，田水相间，素有"水乡泽国"的美称。

3 遗产地范围的确定

遗产地是农业文化遗产资源集聚的特殊空间区域，形态多样，尺度可大可小，可能涵盖在一个独立的行政区划单元内，也可能跨越行政区划边界而存在，传统意义上局限于"乡"或"村庄"空间范畴的"乡规划"或"村庄规划"难以对遗产地乡村发展起到实质性的引导作用。遗产地范围与行政区划范围叠加后存在多种可能性（表3），对于跨行政区划的遗产地而言，构建一个区域性实体型的利益协调组织和统一的乡村规划编制标准是农业文化遗产保护利用与规划编制的前提。

表 3 遗产地范围与行政区划范围叠合情况分析

序号	类型		应对	遗产地与行政边界的关系
1	遗产地范围与行政区划范围不交错	完整存在于某一乡或者村庄内	乡级人民政府组织编制规划	遗产地 乡（村）域范围

续表

序号	类型		应对	遗产地与行政边界的关系
2	隶属同一县域	不同乡或者同一乡的不同村庄内	建立县级专门性规划管理机构, 负责遗产地规划组织编制和管理	
3		不同乡和镇范围内	建立县级专门性规划管理机构; 协调镇域和乡域范围内乡村规划编制标准	
4	隶属不同县域	同一省 (市) 域或跨省 (市) 域	建立市级或省级专门性规划管理机构; 协调地区间地方规划标准的差异; 协调镇域和乡域范围内乡村规划编制标准	

大公圩位于安徽经济最有活力的皖江城市带与南京都市圈的交点, 介于马鞍山和芜湖之间, 与南京市江宁区、高淳区接壤, 处于长江三角洲经济圈直接辐射影响的范围之内 (图1、图2)。大公圩下辖五镇 (石桥镇、黄河镇、护河镇、塘南镇、乌溪镇) 一乡 (大陇乡), 四面环水, 圩堤内自成一体, 相对封闭独立。

图 1   大公圩与南京都市圈

资料来源:《当涂县总体规划 (2012—2020 年)》。

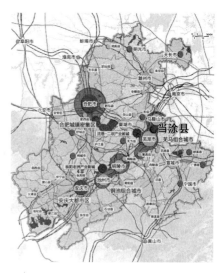

图 2   大公圩与皖江城市带

资料来源: 同图 1。

基于对区域自然环境和历史文化资源、圩田的空间分布特征和开挖时序、乡村社会发展的现状和前景等因素的综合考量，规划将大青山、湖阳乡、南北圩纳入遗产地范围，边界划定结合现行自然环境边界（如河道、山体等）和行政区划边界，总面积约556.5平方公里。下文将划入大公圩遗产地范围内的地区统称为"大公圩地区"（图3）。

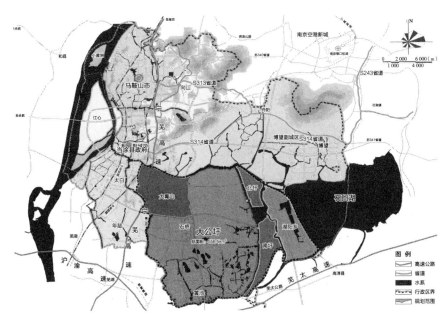

图 3　大公圩遗产地范围

4　大公圩地区乡村社会发展与农业文化遗产保护利用

4.1　乡村社会发展与农业文化遗产保护的矛盾性

当涂县作为皖江城市带承接产业转移示范区 [3] 的排头兵和前沿阵地，在东部地区产业转移的浪潮中首当其冲。大公圩地区的农业文化遗产保护和乡村发展矛盾主要体现在以下三个方面。

首先是"城乡矛盾"，最直观的体现是圩区人口和土地的流失。圩区外出就业人口占总人口的22.53%，占总从业人口的35.20%；在新一轮城镇化中受城市土地规模指标的限制，大公圩成为城市建设用地指标的索取地。总体规划中将大公圩境内约58平方公里的用地划归承接产业转移片区，建立青山河工业园区。年轻人背井离乡，导致传统的耕作技艺无人传承，与农业相关的民俗、礼仪也断代失传。在农民如潮般城乡流动的同时，乡村地区的发展和现代化进程严重滞后，城乡发展的不平衡逐渐加剧。在土地征用的过程中，大公圩的完整性被打破，圩田肌理和传统的聚落格局也遭到破坏。

其次是"新（现代化生产生活方式）旧（传统生产生活方式）矛盾"。就农业生产本身而言，化肥和农药取代了农家肥，加剧了圩区的水体和土壤污染。罱河泥等活动也逐渐消失，而罱河泥是废物利用并促进圩田系统生态平衡的一项十分重要的生产活动；在思想观念上，年轻人对传统知识和认知度、参与度和学习意愿远低于中老年群体，年轻人更倾向于接受"现代化的城市生活"（图4、图5）。事实上，包括宗教信仰、民俗风情、饮食习惯、建筑艺术、服饰、语言等在内的乡村文化都是基于社区群体认同才得以维系，这种认同构成社会规范的基础。当群体认同消失以后，传统的意义就不在，社会传统的失范将会导致传统社区的转变，甚至面临解体的危险。此外，在大公圩地区的村庄建设中出现了大量的简单照搬城市建设模式的现象，破坏了乡村和谐的自然和人文环境。

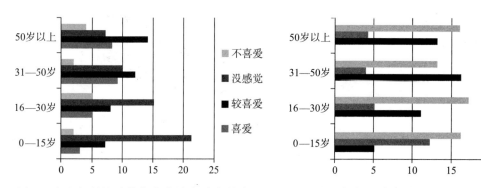

图4　大公圩居民对传统文化的喜爱度调查　　图5　大公圩居民参与传统文化活动的意愿调查

最后是"人地（自然环境）矛盾"。由于政府、社会公众和广大遗产地居民对农业文化遗产普遍缺乏认知，大公圩地区的生态保护和环境治理意识薄弱。大青山上分布着为数众多的采石场，砍伐森林、开挖山体、破坏植被等现象普遍，不仅严重损害山体生态地质环境，也影响山体景观风貌；高污染、高排放的工业大量存在，工业排放缺少环境净化处理，农业生产过程本身也产生土壤污染、水污染和大气污染，加之环保设施配套缺乏，农村生产生活垃圾无法集中回收处理，垃圾乱倒、污水乱排现象随处可见；此外，居民侵占田地、私搭乱建、节流填埋水系等行为严重破坏圩田的格局肌理。庙宇、宗祠、古桥、涵闸、陡门等独特性的景观资源要素和水利设施遗存的破坏与消失，使大公圩地区的水乡意境大打折扣。

4.2　农业文化遗产利用与乡村社会发展的统一性

（1）价值体系

通过对大公圩地区的整体研判，认为其具有实用价值、生态价值、历史文化价值、艺术景观价值和科学研究价值五种本体价值（表4）。

表 4 大公圩地区的本体价值

本体价值	评价	描述
实用价值	现代生活空间的"活文物"	大公圩滨江襟湖的特殊地理位置决定了水灾防御的重要性，作为水利工程的大公圩，不仅规模巨大、设计水平高，而且时至今日依然发挥效用；同时，大公圩作为重要的粮油生产基地，还具有农业生产价值
生态价值	维持区域生态环境的保障	与天然湿地相比，圩区的生态功能已大为弱化，但水体仍是一种特殊的生态资源，具有维持自然生态系统结构、生态过程与区域生态环境的功能，不仅提供了人类生活生产活动的基础资源，还支撑和维持着圩区各种生态系统的运行发展
历史文化价值	农耕文化的瑰宝，天人合一的典范	在中国古代封建社会，农业的发展至关重要。圩田主要分布在长江中下游地区，而长江中下游地区又是封建社会重要的农业区，因此，圩田的开发史就是一部长江中下游农业的发展史。大公圩的演变和发展是当涂县历史的重要组成部分，因围湖而成的大公圩，水源充足，土地肥沃，粮食产量高，早有"圩田收，食三秋"的民谚，是江南社会发展、繁荣的历史见证
艺术景观价值	江南乡村景观的精华	大青山树木葱郁，景色秀丽。大公圩水网纵横，脉络相通，四面环水，东缘横卧石臼湖。大青山与大公圩山水相连，珠联璧合
科学研究价值	"沧海变桑田"的历史见证	圩田是化湖为田。在联圩基础上发展的圩田规模宏大，圩堤、涵闸、陡门、沟渠配套完备，构造合理，而且形成了一套科学的管理和养护方法，时至今日，仍在现代社会中充分发挥效用。作为江南社会治水史上的瑰宝，为未来农业水利的发展提供了基础性的研究支撑

（2）发展方向

乡村是城乡系统的一部分，乡村未来的发展不仅取决于乡村资源禀赋基础上的本体价值，还取决于城乡互动影响下的衍生价值的发挥。城乡空间位置关系一定程度上能反映城乡互动关系，从而对乡村发展起关键性作用。现对乡村未来发展图景进行分类，如表5所示。

表 5 基于城乡关系的乡村未来发展图景分类

序号	乡村类型		未来图景	城乡位置关系
1	城镇化深度影响下的近郊型乡村	城镇化准备地区的乡村	过渡性的乡村地区，作为城市拓展和城镇化发展的潜在空间，未来成为城市的一部分	
		城市功能组团	乡村未来作为城市功能组团的一种，承担居住、生产和生态服务、文化旅游等功能	
2	农业主导的远郊型乡村或广大农村落后偏远地区的乡村	新型农业社区	由相对固化、传统的低水平农业转向开放、流通的高水平、高效率现代化农业，推动乡村转型	
		特色型乡村	保护其地域传统风貌，发挥资源特色，引导乡村优化转型，包括遗产地乡村、历史文化名村、特色产业型乡村等	
		萎缩型乡村	促进发展资源向优势村落聚集，合理引导收缩	
3	城中村		被城市建成区包围，未来成为城市旧城改造的一部分	

大公圩地区属于城镇化深度影响下的近郊型乡村，历史文化资源丰富，山水景观风貌独特。此外，大公圩地区的七个乡镇依托各自的特色资源和产业基础，已打造出一批具有一定社会影响力的产品，"一镇一品"的格局初具雏形。一方面，消费升级背景下乡土消费迅速增长，长江三角洲的闲暇生活圈不断外扩、西进；另一方面，国家高度重视农业文化遗产保护利用和乡村社会发展中乡村建设、乡村产业转型、农民就业、农业现代化与生态文明等问题，相关政策的颁布为大公圩地区的未来发展提供了指引（表 6）。综上所述，大公圩地区具备成为"长江三角洲区域性共享型城市后花园"的潜能。

表 6 农业文化遗产保护和城镇化发展相关政策文件

时间	相关会议（文件）	内容
2013 年 4 月	中国工程院启动"中国重要农业文化遗产保护与发展战略研究"重点咨询项目	会议针对农业文化遗产的概念与内涵、农业文化遗产保护的重要性和必要性、国际和中国的农业文化遗产保护工作进展展开讨论，强调了农业文化遗产在现代农业发展、农村生态环境与生态文明建设、农业可持续发展与美丽乡村建设中的重要意义
2014 年 12 月	中央城镇化工作会议	会议强调城镇化发展的质量，要以人文本，推进以人为核心的城镇化，提高城镇建设用地利用效率和城镇建设水平，让居民"望得见山、看得见水、记得住乡愁"
	中央农村工作会议	会议强调了"粮食安全"与"食品安全"，指出农业现代化是国家现代化的基础和支撑，要做大做强农业产业，形成新产业、新业态、新模式，培育新的经济增长点，发挥好新型城镇化对农业现代化的辐射带动作用
2015 年 2 月	中共中央、国务院发布《关于加大改革力度加快农业现代化建设的若干意见》	《意见》指出将"围绕建设现代农业，加快转变农业发展方式"放在首位，强调强化规划引领作用，加快提升农村基础设施水平，推进城乡基本公共服务均等化，让农村成为农民安居乐业的美丽家园
2015 年 5 月	中共中央、国务院颁布《关于加快推进生态文明建设的意见》	《意见》指出把生态文明建设放在突出的战略位置，融入经济建设、政治建设、文化建设、社会建设各方面和全过程，协同推进新型工业化、信息化、城镇化、农业现代化和绿色化

4.3 大公圩地区保护利用策划

大公圩地区的保护和利用策划围绕以下方向展开：作为历史遗存丰富的文化区，可以通过文化活动的开展和展示宣传力度的强化，成为农耕文明科普教育基地；作为圩田肌理格局独特的风景区，可以通过保护性旅游开发和相关服务业的发展，成为郊野度假休闲地、旅游目的地；作为规模宏大效用显著的水利工程典范区，可以通过科研项目的开展和农田水利技术的研发，成为农田水利科研基地和技术展示窗口；作为环境优越的生态缓冲保育区，可以通过生态附加值产品研发和休闲功能的开发，成为休疗养基地。

圩田文化资源和山水景观资源的保护性开发将突破大公圩地区作为生态农产品供应地的职能定位，文化旅游业、创意产业、高新技术产业等将随之逐步发展起来，在市场经济条件下，激发大公圩成为消费空间的潜力，通过市场运作产生经济收益，从而实现功能价值、社会价值和经济价值等衍生价值。

5　大公圩地区的乡村规划

5.1　大公圩地区的特殊性和复杂性

（1）特殊性

①大公圩地区地处长江三角洲区域诸多核心城市的辐射影响范围之中，是区域性共享型城市后花园，区域发展动态对大公圩未来发展影响深远；②大公圩独特的大地景观是其作为广义层面上的农业文化遗产最直观和最鲜明的写照，具有强烈的文化属性；③大公圩河塘沟渠众多，水系纵横交错，土地被河道塘沟分割，地形破碎，不利于土地的综合开发利用，大面积水域的存在，导致可建设用地量和交通可达性对圩区规划建设的影响程度远

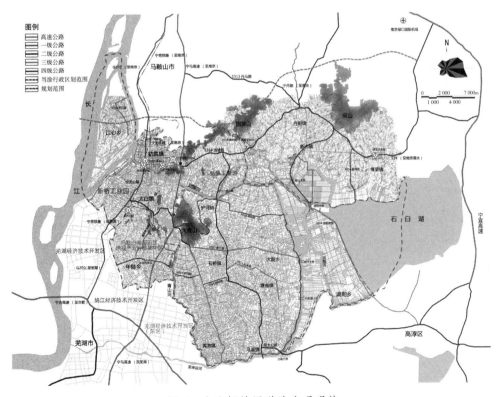

图6　大公圩地区道路交通现状

远高于其他地区（图6、图7）；④圩田形态不规整、可达性弱的特点决定了大规模农业机械化生产的不适应性，小规模分散布局的村庄形态是基于农业生产对合理耕作半径要求下的理性选择，土地集约利用条件下的大规模村庄合并难以实现；⑤大公圩是化湖为田，四面环水，平均海拔高程较低，对防洪排涝要求甚高；⑥圩区属于水陆交接带生态脆弱区，在水网密集的圩区，水体不仅是圩区居民生产生活的基础资源，还是一种特殊的生态资源，支撑和维系着生态系统中其他要素的生存发展。圩区乡村规划中水体的利用既有利于圩区内部交通网络的完善，也关系到圩区的景观建设，更影响到圩区作为重要的生态涵养区的可持续发展。

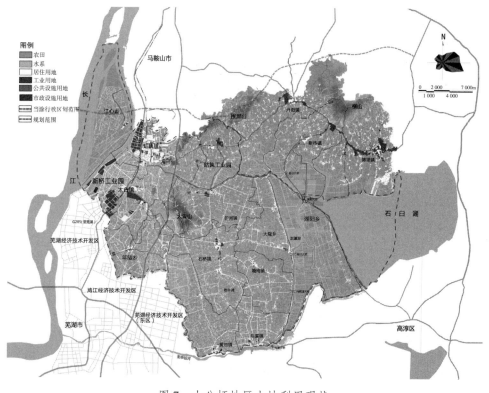

图7 大公圩地区土地利用现状

（2）复杂性

①大公圩的保护涉及七个乡镇，夹江、运粮河把湖阳乡、南北圩和大公圩分隔开来，不仅管理上存在跨越行政边界操作的难度，还面临空间障碍；②农业文化遗产保护对圩田肌理的完整性要求与城镇化发展对土地利用的集约化要求之间的矛盾难以协调；③圩区乡村聚落之间缺乏横向的交通联系，发展水网和路网双重立体交通网络是解决问题的合理途径，"双重路网"的构建面临水上线路的规划和水陆换乘系统组织的难题；④集中紧凑、

避免重复配置是基础设施布局的原则，圩区村庄零散分布的状况长期存在，现阶段提供基础设施的水平和能力无法满足村民普遍性的改善生活质量的愿望；⑤圩区水源充沛，土壤肥沃，土地利用价值高，圩区的特质必然要求乡村规划加强农业发展规划和非建设用地规划，从而最大限度地释放土地潜力，提升农业生产水平；⑥圩田大面积景观的单一和各乡镇产业的同构导致农业文化遗产开发利用的同质性，增加了各乡镇错位发展的难度。

5.2 乡村规划核心要点

提升农民生活品质，实现遗产地居民生活环境的"乡村化"和生活方式的"城镇化"，创造遗产地的乡村生活新模式，是乡村规划的基本目标。原真性和完整性是大公圩地区的保护性开发和规划建设的基本原则。在把握大公圩地区的特殊性和复杂性的前提下，乡村规划应把握如下要点。①优化村镇体系，合理引导集聚。圩区村庄合并是一个长期的循序渐进的过程。大公圩的村庄布点应在尊重圩田肌理的前提下，合理引导周边村庄向最有可能成为城镇化聚集点的位置靠拢，在聚集点实现公共服务设施的集中布局。聚集点的遴选结合遗产资源开发项目选址和交通枢纽的位置。②基于农业文化遗产利用的乡村产业结构调整和乡村功能组团重组。有意识地将包括遗产资源在内的乡村特色资源转化为乡村产业，构建包含养殖业、种植业、农产品加工业、乡村旅游业和其他特色产业的乡村产业体系。结合新兴产业发展的空间需求和乡村空间利用现状，优化大公圩地区的文化、产业、教育、居住等乡村建设用地和农业发展规划基础上的农业用地以及其他非建设用地的布局。③塑造特色空间，确立文化身份，增强文化认同。利用村庄特有的公共空间，如祠堂、戏台等，梳理村庄空间脉络，保留乡村特质，留住与农业生产生活一脉相承的历史记忆，增强农民对乡土文化的认同感。④整合城乡交通系统，增强圩区交通的可达性和便利性。为避免大规模道路建设对圩田格局和破坏，大力发展水上交通，突破圩区陆路交通发展的局限性。⑤制定遗产地保护规划，明确大公圩地区的保护对象和保护体系，划定乡村空间管制分区并分别制定相应的保护控制措施。措施的制定要结合农业文化遗产保护利用战略中的相关设想，为遗产地的开发利用保留弹性空间。⑥构建展示体系，规划展示线路。将历史文化资源的"片断"整合成"点、线、面"相结合的文化空间网络；在满足遗产保护要求的前提下，通过文化展示设施的布局、文化景观的设计和多样化的展示方式诠释遗产地的文化内涵。结合乡村道路交通规划，进行展示线路的组织。⑦制定防洪排涝规划、旅游发展规划和生态保护规划等专项规划。

6 平衡保护与发展的遗产地乡村发展策略

6.1 区域共生论

城乡矛盾的根源在于"被动的城乡关系"，因而平衡保护与发展矛盾的第一要务就是处理好城乡系统中的纵向（城市与遗产地乡村的上下级联系）和横向（遗产地乡村与周边乡村的联系）统筹关系（图8）。

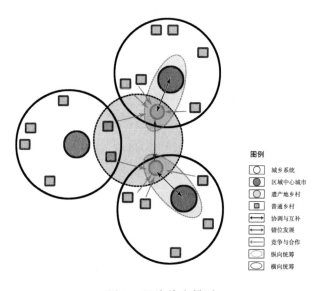

图例

◯	城乡系统
●	区域中心城市
◯	遗产地乡村
▢	普通乡村
⟷	协调与互补
⟷	错位发展
⟵	竞争与合作
⬭	纵向统筹
⬭	横向统筹

图 8　区域共生模型

纵向统筹强调区域中心城市对遗产地乡村及辖区内其他广大乡村地区的辐射和带动作用。纵向统筹有三个要点：第一，把握上位规划对区域中心城市在城市群中的定位和发展要求（宏观层面）；第二，把握辖区内城乡系统的资源特色和产业优势，合理确定区域各组团的产业分工和发展方向（中观层面）；第三，把握遗产地的资源特色，关注遗产资源与市场需求的结合，积极参与区域的分工协作，主动承接区域中心城市的外移职能（微观层面）。

横向统筹强调遗产地乡村与周边乡村的共生关系。首先，对于产业类型类似的乡村既要竞争又要合作：一方面，通过合作形成产业集聚效应以满足市场需求；另一方面，通过技术革新、效率提升、品质改善，保持竞争中的优势地位。其次，结合遗产地的资源优势发展特色产业，与周边乡村错位发展，合作共生。横向统筹的目的是促进并刺激乡村聚落之间的非平衡发展。通过打破原先呈均质发展状态的乡村生态位，引导土地、人口等发展资源向优势聚落聚集，促进中心村、重点村和小城镇的发展，改变乡村地区空间碎片化的现状。

6.2　城乡协作论

城乡协作论包含"发展"和"保护"两个层面的内容。一方面，农业文化遗产作为乡村社会发展的一项重要资源，其合理的开发利用为乡村产业多样化的发展提供了可能性，使乡村空间在城乡分工中扮演更为独特和重要的角色。基于遗产资源开发利用的视角重新审视农业文化遗产地的价值和潜能，明确遗产地在区域城乡体系中的定位、职能，积极参与区域的分工协作，不仅有助于借助中心城市、城镇的力量带动遗产地的发展，也增强了区域发展的整体能级。另一方面，农业文化遗产是一种新兴的遗产类型，与传统历史文化资源相比，往往容易受到忽视。因而遗产地需要积极参与到区域性的历史文化保护工作中来，通过覆盖全域的历史文化保护体系和历史文化网络的构建，增强遗产资源与区域内其他历史文化资源的内在联系性，强化历史文化资源在城乡发展中的重要性，推动遗产保护工作的整体发展。

6.3　产业融合论

目前，大多数遗产地的产业类型中除了旅游业以外，其余均和遗产资源无太大关联。一方面，对于具备旅游开发条件的遗产而言，旅游开发虽能带动遗产地经济的发展，但存在过度商业化开发、环境污染、生态破坏等弊端，旅游业的关联带动作用未得到良好发挥，旅游衍生产业的发展不成熟，完整的产业链没有形成；另一方面，对于不具备旅游开发条件的遗产地而言，遗产资源在生态、科研、农业现代化等方面的潜能没有得到充分发挥，对乡村社会发展的贡献微乎其微。

产业融合论包括三个层面的内容：第一，乡村产业结构的确定应契合市场的发展需求，遵循区域产业合理分工的原则，避免农业区域性产业结构的同构化；第二，除了区域层面的考虑以外，乡村内生动力的挖掘十分关键，主张结合遗产地特色资源和农业优势培育乡村特色产业与现代农业，加强乡村产业的稳定性与多样性，促进遗产地"旅（旅游业）—特（特色产业）—农（现代农业）"产业体系的形成；第三，对于遗产地的优势产业，应努力延长相关产业链，培育出以优势资源为起点，经中间产品，到最终产品的完整的产业链体系，以产业链推动尽可能多的行业共同发展。

6.4　空间协同论

空间协同的目的是通过科学合理的规划，统筹城乡空间资源，构筑适合城乡社会经济发展和遗产保护的空间格局（图9），主要包括两个层面的内容。一是城乡空间的协同。统筹城乡空间发展是城乡统筹的主要内容之一，关键是实现土地资源的集约利用，提高土地利用效率。通过城乡建设增长边界的划定，确保各项建设在规划建设用地范围内集中进行，避免分散、无序建设。二是遗产地乡村建设用地与非建设用地的协同。农业文化遗产体现的是人类长期的生产、生活和大自然所达成的一种和谐与平衡，因而遗产地的保护不是个别遗址点或历史文化斑块的保护，而是整个乡村复合系统的保护。统筹乡村建设用地与非建设用地是具体落实遗产地保护和发展需求的前提。

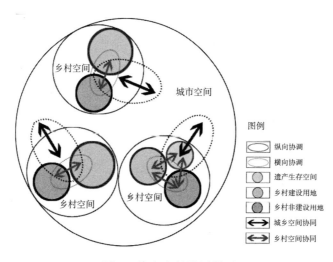

图 9　城乡空间协同模型

6.5　文脉传承论

遗产地的文脉传承要秉持"大遗产"的概念，只包括农业景观和系统的农业文化遗产是"小遗产"，而包括其衍生的文化现象的遗产则为"大遗产"。将遗产地所处的人文环境与所包含的文化现象有机融合是遗产保护和发展的前提。农业文化遗产与一般的自然和文化遗产不同，是一种活态遗产，因而对于农业文化遗产不能像保护城市建筑遗产那样对其进行封闭保护，应采取动态保护的思路。农业文化遗产的传承性必须以农业生产、农业产业功能的开发和升级为平台，发挥其经济价值和产业链价值。

文脉的传承需要从三个方面入手。第一，加强遗产资源的挖掘和利用，建立农民收入长效增长机制，改善农民生活水平，缩小城乡居民收入差异。一旦农民可以在不离开原住地的条件下完成从单纯依靠农业的不稳定的生计方式向多样化生计方式的转变，农民对农业文化的认同和情感就会增强，农业文化遗产的保护就会成为一种文化自觉。第二，制定遗产地的保护与展示规划。遗产资源必须通过基于科学研究的再诠释后才能为公众所理解，而经过诠释的遗产也必须经由合理、适当的展示方式才能发挥应有的社会效益，并且只有落实到空间层面才能获得最佳的传播和呈现方式。第三，增强社会公众对农业文化遗产的认知和保护意识。

7　结语

农业文化遗产保护和乡村发展是遗产地面临的两大社会现实，两者之间存在"城乡矛盾"、"新旧矛盾"和"人地矛盾"三大矛盾。基于农业文化遗产价值体系的保护性开发是平衡保护与发展矛盾的根本途径。乡村规划是农业文化遗产地乡村社会发展的总体纲领和行动指南，承担着新时期遗产地乡村经济发展、农业文化遗产保护和乡村建设引导的系统任务。遗产地的资源禀赋、城乡关系、发展需求、发展阶段不同，导致其乡村规划不可能也不应该制定统一标准，对遗产地乡村规划的特殊性和复杂性的把握是规划开展的前提。"确定遗产地边界范围—明确乡村发展方向—制定保护利用战略—把握规划核心要点"是具有普适性的遗产地乡村规划的思路。"区域共生论"、"城乡协作论"、"产业融合论"、"空间协同论"和"文脉传承论"是遗产地乡村发展的五大策略。

注释

① "全球重要农业文化遗产"（Globally Important Agricultural Heritage Systems，GIAHS），在概念上等同于世界文化遗产，联合国粮食及农业组织（FAO）将其定义为："农村与其所处环境长期协同进化和动态适应下所形成的独特的土地利用系统和农业景观，这种系统与景观具有丰富的生物多样性，而且可以满足当地社会经济与文化发展的需要，有利于促进区域可持续发展"。

② "中国重要农业文化遗产"：指人类与其所处环境长期协同发展中创造并传承至今的独特的农业生产系统，这些系统具有丰富的农业生物多样性、传统知识与技术体系、独特的生态与文化景观等，对我国农业文化传承、农业可持续发展和农业功能拓展具有重要的科学价值与实践意义。2012 年 3 月 13 日，农业部正式发文将在全国范围内评选"中国重要农业文化遗产"。

③ 皖江城市带承接产业转移示范区为国家级示范区，规划范围为安徽省长江流域，成员包括合肥、芜湖、马鞍山、铜陵、安庆、池州、滁州、宣城和六安（金安区、舒城县）九市共 59 个县（市、区），辐射安徽全省，对接长三角地区。当涂位于马鞍山境内。

参考文献

[1] 陈阿江："水域污染的社会学解释——东村个案研究"，《南京师范大学学报（社会科学版）》，2000 年第 1 期。

[2] 陈昭、王红扬："'城乡一元'猜想与乡村规划新思路：2 个案例"，《现代城市研究》，2014 年第 8 期。

[3] 李明、王思明："农业文化遗产保护面临的困境与对策"，《中国农业大学学报》，2012 年第 3 期。

[4] 陆应诚、王心源、高超："基于遥感技术的圩田时空特征分析——以皖东南及其相邻地域为例"，《长江流域资源与环境》，2006 年第 1 期。

[5] 孙庆忠："乡土社会转型与农业文化遗产保护"，《中州学刊》，2009 年第 6 期。

[6] 张尚武："城镇化与规划体系转型——基于乡村视角的认识"，《城市规划学刊》，2013 年第 6 期。

[7] 郑重："转型期圩区乡村规划建设新思考——以当涂大公圩为例"，《小城镇建设》，2014 年第 8 期。

美丽乡村建设过程中的古村落保护发展规划策略研究

——以山西省阳泉市义井镇南庄村为例

常　江　王文卿

摘　要　随着城市的发展，资源向城市集中，导致近郊古村落逐渐没落，但同时，城市的规模扩张也给近郊古村落的发展带来了契机。南庄村是山西省阳泉市第二批"美丽乡村"创建试点村。文章通过深入研究南庄村的现状和发展演变，总结南庄村的特征与价值，规划提出"城市村庄"理念，以"要素流通、城村共荣"为指导策略，进行产业发展规划和土地利用规划，创新性地保护古村，实现新村与古村、乡村与城市的有机融合，进而总结南庄村美丽乡村建设的示范作用。

关键词　美丽乡村建设；古村落保护发展；城市村庄；南庄村

1　研究背景

2012 年年底，十八大报告提出了建设美丽中国的宏伟构想。"美丽乡村"是美丽中国的起点，按照"规划科学布局美、村容整洁环境美、创业增收生活美、乡风文明素质美"的要求，打造宜居、宜业、宜游的新型乡村，并纳入新型城镇化的战略框架，从而共筑美丽中国。由此，乡村建设再次被提到了国家战略高度。阳泉市为此提出创建美丽宜居示范村"生活美、生态美、家园美、田园美、宜居宜业"的建设标准，又指出美丽乡村建设的根本是提升农民生活品质，基础是发展农村生态经济，重点是优化农村生态环境，特色是发展农村乡村文化。位于山西省阳泉市南郊的古村落南庄村于 2014 年年初获批成为阳泉市第二批"美丽乡村"创建试点村。设计在保护传承南庄村历史文化价值的基础上，结合"美丽乡村"建设的实际要求，探讨城郊古村落美丽乡村建设过程中的普遍适用性保护发展规划策略，努力使南庄村成为美丽乡村建设的典范。

作者简介

常江，中国矿业大学力学与建筑工程学院教授，建筑与城市规划研究所所长，博士生导师；

王文卿，中国矿业大学力学与建筑工程学院，硕士研究生。

2　南庄村现状

2.1　概况

　　南庄村位于阳泉市义井镇中部，距市中心约 4 公里，紧邻城市建成区，属于城市近郊村。该村北接阳泉市区，西临南煤集团，南临平定县，东与义井村毗邻，村域面积 360 公顷（图 1）。2013 年建成通车的城际快速公路广阳路穿村而过，进一步加强了南庄村与阳泉市和平定县城的联系。受城镇化影响，南庄村的人口构成和三产比重城镇化倾向明显。2013 年，南庄村总人口 3 724 人，其中农村户籍人口、城市户籍人口、常年居住的外来人口比例为 5：4：1（图 2）。2013 年，南庄村经济总收入为 15 587 万元，三产比例为 3：41：56，二、三产业比重大，占主导地位。受采煤影响，村域范围内存在大量乱掘地，仅在古村周边和广阳路东侧有部分未被破坏的山林和耕地（图 3）。

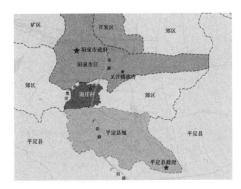

图 1　南庄村区位

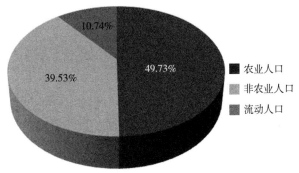

图 2　南庄村 2013 年人口构成

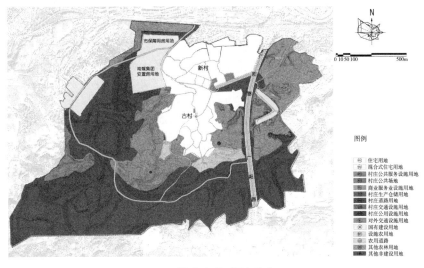

图 3　村域土地利用现状

2.2　村落选址意向与发展演变分析

南庄古村背山面水，藏风聚气，布局师法自然。古村坐落于南北狭长的山谷中，雨水顺应山势汇成河道，建筑河道两侧顺次排开，院落布局不拘泥于南北向，因而形成顺应山势自然有机的平面布局形态。

南庄村始建于明初洪武、永乐两朝大规模移民时期，现留遇真观的石碑记载了明初移民建村的基本情况。南庄村始迁祖于古村河谷缓坡处筑窑洞定居形成最初的居民点，在南庄村上李寨、东炉院和西炉院等处考察发现的土窑洞可做佐证。其后直至清中晚期，根据史料记载、村中历史建筑墙体砌筑方式和初建时大木作刻画的印记，并结合对同一地区古村落大阳泉村和小河村的研究，可知该时期南庄村建设活动不断，并在原址上不断更迭翻新。至清朝末年，南庄村建设活动进入增长期。清末晋商繁荣，南庄村善经营者致富后回乡竞相建设宅院，古村现保留的几处完整精美的院落即为这个时期所建。至此，南庄村古村落平面格局基本确立。清末至中华人民共和国成立初期，国家战事不断，人口增长缓慢，古村建设基本处于停滞状态。

中华人民共和国成立至改革开放期间，村落以遇真观为中心沿河道向外延展，延续传统的肌理与风貌，建筑密度逐渐加大，道路呈树枝状向山林腹地生长，古村环境容量接近饱和。1978年以后，村民开始在古村外围的张家岭和北岭建设新村，同时古村内部传统民居也在不断地翻新加建，以满足人口迅速增长对住房的刚性需求，南庄村建设活动又进入一个增长期。这时农民自建房开始使用框架结构和现代建筑材料，主体建筑以两层为主，高大突出，逐渐破坏老村和谐统一的风貌；同时，随着生产力的发展和农用机械的普及，老村内道路不断加宽、取直并硬化，老村传统肌理进一步遭到破坏。

进入21世纪，南庄村进行社会主义新农村建设，村庄北岭片区传统民居被拆除，取而代之的是11栋多层住宅楼，即今日东西大街北部的新村。至此，村庄平面形态呈现出新老、疏密两种不同的肌理，居住环境也存在明显的差别（图4）。

2.3　特征与价值

（1）特征

南庄村处于阳泉市区与平定县老城区之间，兼具城市和乡村的特征。在空间方面，南庄村呈现出土地权属持续变化、城市用地开始楔入、新村迅速发展、古村逐渐衰落、城市与乡村空间矛盾突出等特征。村庄西北部有两块土地被征用，分别用来建设市保障用房和南煤集团职工安置房，新村沿东西大街北侧不断建设，古村40%的院落处于闲置状态，村庄北部与阳泉市之间的自然山林屏障逐渐被推平破坏。在产业方面，南庄村呈现出从农业向非农产业转变、第一产业规模较小、第二产业比重大、第三产业对城市依赖性大等特征。2013

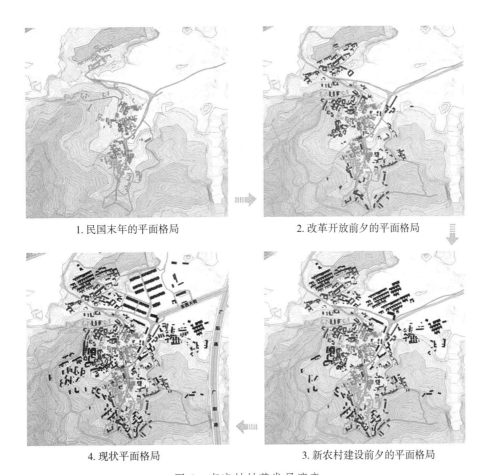

1. 民国末年的平面格局　　　　　　　　2. 改革开放前夕的平面格局

4. 现状平面格局　　　　　　　　　3. 新农村建设前夕的平面格局

图 4　南庄村村落发展演变

年，南庄村第一产业收入仅占总收入的 2.73%，而由工业、建筑业、运输业、商贸餐饮业和服务业组成的二、三产业总收入高达 1.1 亿元，占总收入的 97% 以上（图 5、图 6）。在人口方面，南庄村呈现农业人口向非农人口转化、外来人口增加、结构复杂、流动性大、人口密度介于城市和乡村之间等特征。2013 年，南庄村农转非人口 57 人，新村外来人口 126 人，常年居住在南庄村的外来人口 400 人，人口密度为 1 030 人 / 平方公里，高于 2013 年阳泉市域人口平均密度 297 人 / 平方公里，低于 2013 年阳泉市区人口平均密度 10 892 人 / 平方公里。

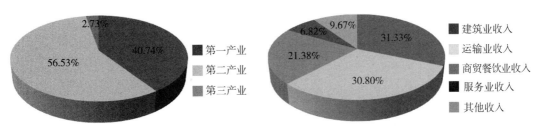

图 5　南庄村产业结构　　　　　　　　图 6　南庄村第三产业收入比例

（2）价值

① 历史文化价值

南庄古村保留相对完整的空间格局，传统建筑遗存量大，村风淳朴，非物质文化遗产丰富。古村现有三片较为集中的古民居建筑群：上李寨、西炉院和东炉院（图7）。上李寨古民居建筑群由九座传统院落和一座道观组成，道观前为古村中心广场，广场南侧为建于"文革"时期的戏台——喧庆楼（前身为建于清末的传统风格的戏台）。中心广场"南为戏台、北为道观"是晋东地区古村落公共建筑布局的基本特点。西炉院古民居建筑群由保存较为完整的八座院落构成，院落依山就势，层叠而上，注重集约土地。

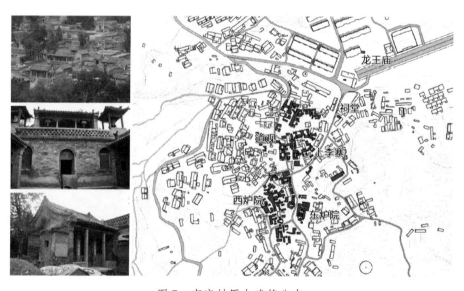

图7　南庄村历史建筑分布

东炉院隔古村南北向主路与西炉院相望，为一座多进独立式院落。正门朝南，为晋东常见的吞口门楼，正房巧妙利用西向缓坡的地形特征营建十孔窑洞，正面朝西，又在正房前建六处三开间的配房，形成三个完整的院落。各院通过倒座房与垂花门之间的前廊连接，形成层叠渐进回环转折的空间秩序。东炉院还利用道路与倒座房近4米的高差，于倒座房下筑窑洞、置前院，辟为学堂。整个院落巧妙利用地形，与周边环境融为一体，体现了南庄村民天人合一的生活理念。南庄村传统建筑普遍采用木雕、石雕、砖雕进行装饰，做工精细、雕刻精美、寓意美好，体现了房屋主人殷实的财力和儒雅的生活趣味。目前仍有不少传统院落的主人在从事刺绣、剪纸、面塑等晋东传统手工艺活动。

② 社会经济价值

南庄村位于城镇密集区，市域城镇空间发展的核心区，并在阳泉市现代服务业、高新技术产业、先进制造业的集聚空间范围内。此外，南庄村南邻平定县规划建设中的北部新型工业区，距平定县老城区商业中心6公里。南庄村受阳泉市中心城区和平定县老城区的共同影响，是二者之间重要的产业过渡区。2013年年初，城际快速路广阳路建成通车，穿村东部而过，进一步增强了南庄村的交通可达性，加强了南庄村与阳泉市和平定县的联系。交通条件的改善，提升了南庄村的区位优势。随着与城市的拼接，南庄村的基础设施开始与城区接轨，通暖通气。南庄村具有承接阳泉市部分产业转移、接纳农转非人口、解决居住工作问题的发展潜力。

③ 生态环境价值

南庄村地貌形态复杂，地形起伏较大，整体地势西南高东北低。村域范围内多深壑沟谷、梯田台地、自然山林和采煤乱掘地，地景资源和环境资源相对丰富，生态综合价值高，具有开发生态旅游和休闲产业的潜力。

南庄村在20世纪90年代大力发展温室大棚、规模养殖等设施农业，农用道路及灌溉管网等农业基础设施较完备，后因开采煤矿导致耕地和基础设施破坏，现留近100公顷的乱掘地。乱掘地在近期很难恢复成耕地或林地，但是通过生态恢复，可逐年发挥生态环境价值并最终可再次耕种。应先进行地质灾害的勘测评估，消除山体滑坡、地面沉陷等安全隐患，保留个别采煤深坑作为采煤迹地的历史遗存，对剩余乱掘地适当回填土壤，选种豆科紫云英等植物逐年恢复土壤肥力，继而恢复农林生产。在修复过程中综合利用，规划生态修复公园，起到展示教育作用。

3　南庄村美丽乡村建设的现实问题

历史的积淀与山水的养育，使南庄村具有较高的历史文化价值、社会经济价值和生态环境价值。但是，作为处于城村和矿村之间的古村落，南庄村是城乡二元结构矛盾的前沿地带，存在许多棘手的问题。通过现场踏勘、座谈、发放调查问卷等方式了解实际情况与当地居民诉求，经分析整理后发现有以下问题亟待解决。

3.1　村庄经济发展处境艰难

进入21世纪以后，南庄村经济增长方式由农业生产转变为片面依靠采煤和出让村庄土地，致使产业结构失衡，缺乏可持续发展的主导产业。南村庄在近十几年来不断开采浅层煤田，导致耕地破坏；出让土地也使村庄其他耕地被占用。农业发展严重受挫，失去经济发展的根基。国家调整能源结构，减少煤炭使用量，煤炭开采渐无利润，南庄村十多年竭泽而渔的开采也使村庄煤炭资源枯竭，二、三产业失去依托。南庄村居民在市区务工者多，奔波于市区与乡村之间；村内运输业过分依赖采煤，商贸餐饮业对城市依赖性强，第三产业需优化调整。南庄村没有运转良好的经济结构体系，在新常态的时代背景下将受到严峻的挑战。

3.2　古村的保护与发展面临困境

南庄古村落面临诸多问题：基础设施不完善，人居环境差；传统建筑破败严重，亟须加固修缮；房屋闲置率高，多留守老人和儿童；村民普遍对南庄村的历史文化价值认识不够深入，保护意识淡薄；村庄在新村建设上投入比重大，忽视对老村的保护；古村周围自然的生态环境遭到破坏，村庄失去自然保护屏障。

产业结构巨大的转变和城镇化对古村落的冲击使得人们向往现代化、高品质的生活。传统"院落式"的生活因建筑内部空间狭小、房间尺度与现代家具匹配困难等问题，无法满足村民对现代化、高品质生活的需求，所以越来越多的村民搬离古村，搬进新村或城市。有不少居民反映，相较于新村居住小区冬季暖气集中采暖供热，自己不愿意居住在窑洞里燃烧煤炉度过寒冬，向往新村社区化的"楼房"生活。

3.3　生态环境遭破坏，村庄难以可持续发展

南庄村居民对眼前财富的追逐，忽视了生态环境长远的功效。村域大面积的山林、农田与古村内部重要的河道遭到破坏，南庄村赖以生存的生态环境濒临崩溃，古村尽显凋敝衰亡之态，南庄村可持续发展遇到障碍。

近年来，由于开采浅层煤田，产生了近100公顷的乱掘地，占村域面积的27.7%，极大地破坏了南庄村的生态环境。采煤导致村庄地表植被层、土壤耕作层被破坏，无法再进行农业、林业生产；村庄山区因开采深层煤田，致使山体存在发生地质灾害的隐患；原煤的运输和堆放使村域南部和西部大片土地满目疮痍；古村内部季节性的河道也因地形破坏致使汇水排水功能丧失，村民又多将生活垃圾和污水倾倒其间，河道堵塞，脏臭难闻。

3.4　居民利益诉求复杂，实施管理面临挑战

南庄村人口在七年内增长近一倍，从2007年的1 897人增长到2013年的3 724人（表1），年增长率达到11.43%，其中自然增长率为0.06%，机械增长率为11.37%。传统血缘和地缘的聚落关系被城市集聚效应带来的业缘关系打破，引起南庄村人口构成复杂，人口增长速度加快，人口流动性增强。南庄村常住居民现由农村户籍人口、城市户籍人口、常年居住的外来人口构成，他们同为南庄村的居民，但与村集体之间的利益关系不同，生活诉求也不相同（表2）。如何公平地分配村集体美丽乡村建设带来的利益，是今后亟须解决的问题之一。

表 1 南庄村 2007—2013 年人口统计

年份	2007	2008	2009	2010	2011	2012	2013
人口（人）	1 897	2 120	2 350	2 648	2 984	3 329	3 724

表 2 南庄村居民利益诉求分析

人口构成	人数（2013 年）	与村集体的关系	生活诉求
农村户籍人口	1 852 人	隶属（生产生活）	生活、就业、医疗有保障
城市户籍人口	1 472 人	房屋产权	基础公共服务设施齐全
常年居住的外来人口	400 人	租住	租金合理，就业机会平等

4 南庄村美丽乡村建设的规划对策

如何在保护古村的前提下，发掘并培育适合南庄村可持续发展的经济增长模式，留住"乡愁"并提升村庄辨识度和生活环境的舒适度，破解城乡二元对立的关系等都是此次规划考虑的重点。

4.1 规划目标

《阳泉市城市总体规划（2011—2030 年）》将南庄村定位为城乡交错型村庄，规划引导农村人口就近就业创业，维持南庄古村落的发展活力，促进传统乡村向新型农村社区转化，完善农村社区设施配套，改善居住环境。保护古村落不仅仅是在空间上划定核心保护范围、建设控制地带和环境协调区进行"冻结式"保护，而是在保护相对完整的物质载体的前提下，传承并延续古村落的历史文化价值。规划重点关注以下三个方面：①挖掘历史，延续传统，留存南庄古村落的"乡愁"；②城村互动，协同创新，构建南庄古村落的发展新模式；③立足长远，永续发展，将南庄古村落建设为城市里的美丽村庄。

4.2 规划理念

埃比尼泽·霍华德在《明日的田园城市》中提出了"城市—乡村磁铁"模型，即人类社会与自然美景结合，如同城市和乡村"成婚"，这种愉快的结合迸发出新的希望、新的生活和新的文明。通过城乡空间上的织补、经济上的互通和人口上的流动，实现城市和村庄的优势互补。

20 世纪 80 年代，为响应查尔斯王子在《英国见解》杂志上的呼吁，城市村庄论坛（Urban Village Forum）提出了"城市村庄"理念，旨在应对城市转型，指导建设新的定居点，以满足城市居民逃避日益恶化的现代城市环境的需求。"城市村庄"所倡导的土地综合利用、紧凑型居住环境、对邻里的回归和可持续发展等理念为南庄村的建设提供了有益的指导。"城市村庄"理念包含回溯源头、重塑"乡村磁铁"、成为"母体"、留存"乡愁"、提高村庄辨识度的新内涵。"城市村庄"即为城市里的美丽村庄，既享受现代文明成果，又能留住"乡愁"。这样的村庄应具有相对完整的村庄形态、传统村落的风貌特征、优美的环境、便捷的交通、完善的基础设施以及现代化的生活品质。其规划关注的重点是乡村传统文化的延续与传承、特色乡村景观和个性化乡村风貌的保留与塑造以及舒适的村落生活环境。

4.3 规划策略

利用南庄村业已改善的交通条件及其与阳泉市区、平定县老城区毗邻的优势，在南庄村美丽乡村建设规划编制中提出"要素流通、城村共荣"的策略，即在保持南庄村传统景观特质与文化传统的基础上，通过城市—乡村间各生产要素的互通，主动借助城市经济生产要素的优势扭转南庄村凋敝的局面，建立与城市互为补充和支撑的格局。

（1）土地利用规划策略

应对南庄新村蓬勃发展、古村逐渐衰落、农林用地被大量破坏的现状，规划提出集约开发新村、综合利用古村、逐步恢复乱掘地生态环境的规划策略，形成"一心，两轴，四片区，绿色围合"的空间布局形态。"一心"为综合服务中心；"两轴"为东西大街和广阳路产业发展轴线；"四片区"为新村居住片区、古村综合发展片区、生活性服务业发展片区和生产性服务业发展片区（图 8）。

紧凑布局南庄新村建设用地，控制用地规模，发展既传承传统文化又融合现代文明的社区文化。营造具有舒适、齐全的社区服务设施和不同类型的公共开放空间的居住环境。建立健全公共交通服务体系，提倡低碳出行，减少对汽车的依赖。规划引导居民在就业、购物、康乐及社区活动等方面能够形成相对亲切和睦的邻里关系。

综合利用古村现有资源，将土地规划为混合式住宅用地和其他建设用地，注重对古村公共活动场地的多元性复合利用，如在古村中心广场上开展传统庙会、古村摄影、晋剧表演等活动。利用古村院落空间、周围空坪隙地和相关资源，发展高度集约化的"庭院经济"。在张家垴地区建设能满足南庄村居民需求的乡土特征游园，加强老村内的绿化，形成高质量的景观环境。

依托南庄村的区位优势和广阳路便捷的交通在广阳路两侧规划两处远期产业用地，用以发展生活性服务业和生产性服务业。古村外围散落分布一些建于改革开放后的宅院，风貌相对协调，房屋质量较好，可将该宅院与田园相结合，发展"都市农庄"休闲产业。保护现有的农田和林地，逐年修复乱掘地，宜耕则耕、宜林则林，宜生态则生态，考虑开发采煤迹地遗址观光公园项目。同时综合利用坎、塬、坡、垄、沟、台等特殊的地形，塑造独特的地貌景观，提高南庄村的辨识度。

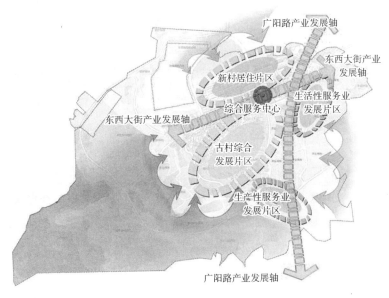

图 8　南庄村规划结构

（2）产业发展策略

应对南庄村产业结构失衡、缺乏可持续发展的主导产业的现状，建议主动接受阳泉市的辐射，整合产业结构，发展多元化经济的策略。即以发展现代休闲农业为基础，以发展"庭院经济"、"都市农庄"等休闲农业激发南庄古村落的活力为重点，兼顾发展生产性服务业和生活性服务业。

在现有的设施农业基础上，结合乱掘地生态恢复工程，规划建设不同主题的休闲农业观光体验项目，开发集农事参与、农耕文化教育、农业休闲观光、丰收体验和农活锻炼于一体的综合农事体验项目。

"庭院经济"指利用古村传统风貌院落发展多元化的院落经济，结合南庄村现有的非物质文化遗产资源，将个性化生产方式与现代营销方式结合，将文化价值转化为经济价值，活化南庄村的经济。响应国家"众创"的号召，提倡南庄村村民"人人创造、人人创新"。发展古村特色餐饮业，向市民提供一种回归自然、返璞归真、体验"乡愁"的方式。利用村内院落作为餐厅，采用本村土产的农产品作为烹饪原料制作乡土菜，为游客提供餐饮服务，营造家庭般的温馨。

优化拓展南庄村的第三产业，做到就地就近解决大部分居民的就业问题。在南庄村建设城市郊区大型购物超市、菜市场、冷库、养老中心等设施发展生活性服务业；建设农机站、农作物交易市场、物流园等设施发展生产性服务业。

（3）古村保护发展策略

南庄古村落承载着村民的独特记忆和深厚情感，想要留存"乡愁"、提高村庄辨识度，需要重视古村的保护与发展。建议从内、外两个层面寻求南庄村的保护与发展：内要调整古村的用地布局、道路系统，完善基础设施，修缮历史建筑；外要寻求与新村建设、乱掘地生态恢复的协调发展，使拥有历史文化与自然风光的南庄村更具生命力。

首先，划定核心保护范围，即东炉院、西炉院、上李寨以及古驿道沿线区域（图9）；然后，完善老村内部道路系统，保留古村街巷骨架，仍沿用"主街—次街—窄巷"的道路等级，避免机动车进入老村核心区。保护驿道两侧的历史建筑，通过驿道将其串联，形成古村连续的传统乡村景观。根据历史建筑的质量和居住情况有针对性地进行改造设计，将核心区内质量较好却无人居住的东炉院改造成"古村文化园"，用来展示南庄村悠久的历史文化和独特的风土人情；对一直有人居住但风貌遭到破坏的西炉院，按照历史面貌进行修复，仍作住宅使用。核心区以外的传统风貌建筑用来发展"庭院经济"，可根据业态的需要，在不破坏风貌的前提下，拆除院墙，增建房屋便于经营。

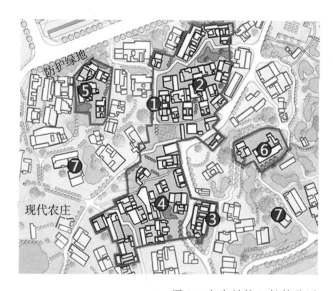

图9　南庄村核心保护范围

（4）规划实施策略

在规划实施时要维护居民的合法权益，保障居民对南庄村建设工作的知情权、参与权和监督权。加强原村民对古村文化价值的认识，培养文化自信；加强新居民对地域文化的认识，培养归属感。在构建市镇乡村多部门协调工作机制的基础上，强调公众参与，发挥居民的积极性，鼓励居民以多种形式参与和支持美丽乡村建设工作。

5　结语

城市近郊古村落如何从被城市同化走向主动留住乡愁、与城市协同发展是目前迫切需要解决的问题。本文以古村落南庄村美丽乡村建设规划为例，通过研究村落的历史发展脉络和自然文化资源，总结南庄村的价值与特征，从城村协同发展、周边环境景观保护、古村传统风貌及人居环境改善、休闲农业协同发展等方面考虑，提出了"城市村庄"的规划理念，遵循"要素流通、城村共荣"策略，就南庄村的产业、用地和古村落保护发展提出针对性的解决办法。本文虽以南庄村为个案研究，但所面临的问题既有特殊性又具有普遍性，希望所提出的"城市里的美丽村庄"理念能对其他同类古村落的保护与发展提供借鉴。

参考文献

[1] 陈晓峰、刘谷一："城市村庄理念在英国城市更新中的运用——以英国伯明翰博德斯莱更新项目为例"，《规划师》，2008 年第 9 期。

[2]（英）埃比尼泽·霍华德著，金经元译：《明日的田园城市》，商务印书馆，2009 年。

[3] 阳泉市人民政府：《阳泉市城市总体规划（2011—2030 年）》，2011 年。

[4] 阳泉市人民政府：《阳泉市改善农村人居环境规划纲要（2014—2020 年）》，2014 年。

保护与传承

——"三维度"传统村落规划技术探析

汪　涛　丁　蕾

摘　要　随着中国传统村落保护工作的开展，传统村落保护规划也在如火如荼地展开，但在传统村落保护规划的过程中仍存在一些不足与困惑。文章在原有传统村落保护规划编制技术的基础上，从时间、空间和人"三维度"，建立"全时域"、"全地域"、"以人为本"的传统村落保护和发展的观点，探索更具完整性、连续性和可操作性的传统村落保护规划编制的技术手法。

关键词　传统村落；保护规划；三维度

1　前言

在当今社会快速城镇化促进城市发展的同时，伴随而来的村落衰败、消失的现象日益加剧。特别是传统村落的境遇不容乐观，冯骥才先生曾痛心地指出："传统村落的消失，不仅是灿烂多样的历史创造、文化景观、乡土建筑、农耕时代的物质见证遭遇到泯灭，大量从属于村落的民间文化——非物质文化遗产也随之灰飞烟灭。"

在严峻的形势之下，近年来，我国相关部门已进行大量的工作，对传统村落进行调查与建档。目前，按照《传统村落保护发展规划编制基本要求（试行）》，传统村落的规划工作也在有序开展。但回顾已有的传统村落保护规划，可以发现存在许多不足。第一，保护规划的异化，即规划过多地强调传统村落发展的内容，将旅游功能作为传统村落的核心功能而忽视规划应以村落的保护为前提。第二，"过度保护"，即保护规划编制过程中完全按照相关文件的要求，面面俱到，提出的保护要求过高，掣肘了村庄未来的发展。规划内容没有能够因地制宜地确定哪些要求是非要不可甚至可以加强，哪些要求是可以忽略或者修改。第三，忽视原住民的作用，现阶段很多保护规划对村落的物质或非物质要素提出明确的保护要求与技术标准，但它们往往忽视村落的主体——人，没有明确原住民、游客和管理者在规划的编制、实施与村庄的发展、长效管理中应扮演的角色，缺乏对他们的行为方式做出合理的引导。

作者简介

汪涛，江苏省城镇与乡村规划设计院乡村规划研究所所长，高级城市规划师；

丁蕾，江苏省城镇与乡村规划设计院，规划师。

传统村落应该怎么保护？保护规划应该怎么做？笔者通过对传统村落保护规划的一些实践和思考，从传统村落的时间、空间和人"三维度"，总结一些传统村落保护规划的技术经验。

2　回溯本源：探求传统村落保护的目的

冯骥才先生指出，中国五千年的历史都在农耕文明里，村落是我们农耕生活遥远的源头与根据地，最能体现民众精神本质与气质的民间文化一直活生生地存在于村落里。因此，传统村落可以称作是中国传统文化的 DNA。每一个传统村落都是鲜活的有机体，是地域历史文化的记录者，反映着当地的文化习俗、建筑艺术以及人与自然相处的方式，是活着的文化与自然遗产。

因此，传统村落的保护与规划应以保护其原真性与延续性，关注其在保护中的发展为最终目的。与其他类型的村庄规划相比，在保护规划与实施的全过程中应更关注时间、空间和人"三维度"，建立"全时域"的保护观点，保护村庄的完整发展历史；建立"全地域"的保护观点，保护村庄的完整风貌；更加注重对人的行为与需求的研究和引导，建立保护中多途径的村庄发展模式。

3　历史与当前："全时域"的保护与发展

不管是过去、现在还是未来，村落的每个阶段都是历史的片段。因此，传统村落需要以"全时域"的观点，采用连续性调查、延续性保护与永续性利用的方法，不仅保护过去各个时期的乡土文化要素，"当前"也是村落历史的组成部分，应当纳入保护体系。同时，对村落未来的发展进行合理引导，把村庄各时期的发展片段和要素纳入保护与发展框架中。

3.1　连续性调查

传统村落的连续性调查包括分析其在时间、空间、要素和活动上的连续性。通过收集村庄的史志、历史地图、传说以及走访原住民等多种途径，准确把握村落在时间、空间、要素和活动四个方面的历史发展脉络，以研究村落各个时期的特征以及发展的动因。

（1）时间的连续性

调查传统村落从起源至今每个历史时期的发展状况以及对其发展产生重大影响的历史事件。以中国传统村落——丹阳市延陵镇九里村为例，在村落保护规划编制的过程中，通过对《季札与季子庙》、《季子庙志》和不同时期的《丹阳县志》等相关历史资料的梳理，清晰地认识九里村连续的发展过程，并调查每个时期发生的历史事件及其对村落发展的影响，以此得出"九里村经历了起源—发展—繁荣—重创—萧条—再发展—搬迁的发展过程，村庄因季子庙而兴，也因季子庙而败"（图1）。

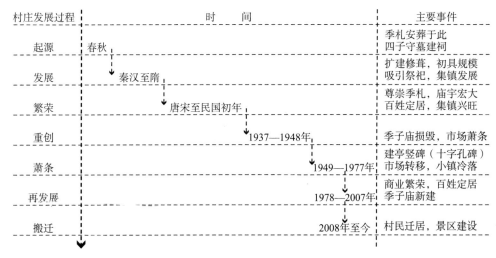

图1　九里村的发展沿革

对村落在时间上进行连续性调查，有助于研究村庄发展的特征与动因，把握村庄发展的脉络，为村庄未来的保护和发展奠定方向。

（2）空间的连续性

对村落的历史空间格局演变进行连续性调查，研究对村落空间形态产生重大影响的水系环境、街巷格局和山体格局等历史环境要素，这对保护与延续传统村落的空间格局有重大的借鉴意义。在九里村保护规划调研过程中，根据相关文献资料与历史地图的记载，确定水系与街巷是对九里村的格局产生重大影响的历史环境要素。因此，在现状调研过程中，重点研究九里村的"母亲河"——香草河的繁华与衰落对村落的衍生和发展所起到的作用，以及研究各个时期的街巷格局和村落"生长与萎缩"的关系（图2）。

（3）要素的连续性

针对传统村落发展产生重大影响的物质要素和非物质要素在各个历史时期的发展演变进行连续性调查，研究其发展演变的过程与村落之间的深层关系，这有利于在保护规划编制的过程中，正确把握村落的历史文脉，并对其进行保护与传承。在九里村，春秋时期的吴国名人季子与村落密切相关，季子死后葬于九里，后人为纪念他，在墓旁建祠祭祀。经过秦、汉两代的扩建和修葺，季子祠初具规模，改称季子庙。由于季子是吴姓血源史上一位承前启后的重要人物，季子庙被视为吴姓的圣地，虽然季子庙几经扩建、衰败，甚至战火的摧毁，但其所承载的吴氏文化却始终未曾消失，这是九里村存在千年的重要文脉。得益于季子庙旺盛的香火，历史上在季子庙周边形成东西南北的类"十"字形商业街，促进了村落的发展与繁荣（图3）。

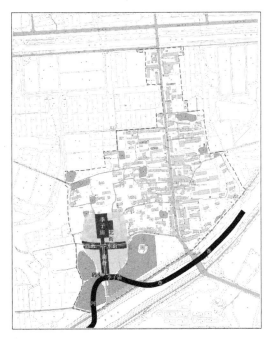

1940 年以前：形成以码头、季子庙为核心，向东、南、西、北发散的四条街巷，其中东、南、西三条街为商业街，为季子庙游客和村民服务

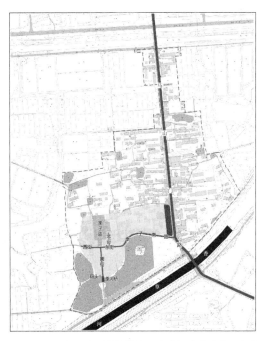

1940—1980 年：季子庙被烧毁，香草河裁弯取直，水路运输衰退，公路运输兴起，东、南、西商业街逐步衰退，村庄向东侧马山门路拓展

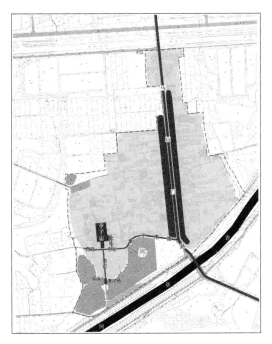

1981—2007 年：村庄向北向东拓展，马山门路两侧逐渐形成商业街；1999 年季子庙重建奠基动工

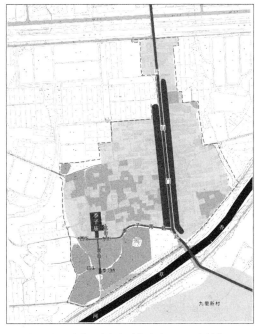

2008 年至今：香草河南侧新建集中安置区，老村搬迁，现状老村已基本荒废，内部多处房屋已拆除

图 2　九里村的空间格局演变

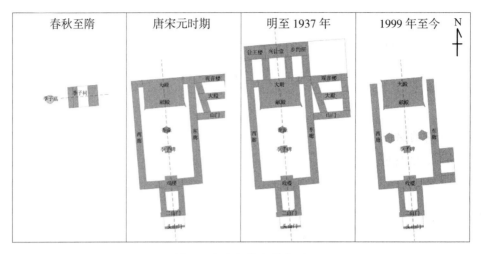

图3　季子庙的发展变迁

（4）活动的连续性

侧重对传统村落沿袭的节庆日活动、手工技艺以及原住民日常基本活动等方面的演变进行调查，对村落的非物质文化遗产的发展状况、传承形式以及遗存的空间载体进行研究，这是传统村落保护规划的重点内容，是延续中国历史文化脉络的关键。九里村最为重要的非物质文化也因季子而起，为了纪念季子的高风亮节，季子庙的祭祀活动逐渐演变为江南最具盛名的庙会之一，与茅山道观形成"上茅山、回九里"的传统习俗，旨在上茅山求功，回九里修德而功德圆满。季子庙重建后，昔日庙会的盛况又重现于世。近年，又新建了慈航殿，吸引了江、浙、皖、沪等地许多香客和吴氏后人前来祭祀凭吊"嘉贤大帝"与"慈航道人"。九里庙会丰富了九里村的历史文化内涵，村落成为记载历史的鲜活载体。

3.2　延续性保护

传统村落的保护应以发展的眼光看待，对村落各个时间序列上的代表性空间进行保护，并对现阶段的乡村风貌进行整体保护。在保护规划中需对村落中遗存的历史空间和现阶段具有代表性的典型空间分别提出不同的保护与控制要求，引导其正确的保护与发展行为。同时，根据传统村落不同的发展时期在时间与空间上明显的阶段特征，有针对性地对传统村落的不同区域进行风貌控制，延续村落整体的乡村风貌。

在九里村的保护规划中，类"十"字形街和马山门路分别是村落在不同历史时期的典型空间。类"十"字形街是历史街巷，烙有村落的历史印记。因此，保护规划中对类"十"字形街巷本体以及周边整体的乡村风貌提出严格的保护与控制要求。马山门路是20世纪90年代修建的街巷，道路两侧的商铺带有明显的90年代乡镇商业街巷的特征，保护规划中对马山门路两侧的商业界面形态提出保护和整治要求，严格控制其建筑色彩与装饰材料。根据九里村历史上的建设时序，规划分别对核心保护范围区域、核心保护范围外至马山门路沿街建筑以西区域和马山门路沿街建筑及东侧区域的建筑高度、风貌进行严格控制，保护村落现阶段的整体乡村风貌。

3.3　永续性利用

传统村落的保护不能仅仅停留在"不动不拆"的层面上，如何给予村落遗产自身的"造血"功能，实现遗产的永续利用，促使遗产保护工作良性循环，是当前遗产保护的一个重要课题和趋势。传统村落保护的重要目的就是让村落能够在新的时代背景下焕发出新的生机，在保护的过程中赋予村落自身"造血"功能无疑是实现这个目的的良好方式。

在为中国历史文化名村——河北省邢台市路罗镇英谈村编制农村面貌改造提升规划中，对赋予村落遗产自身的"造血"功能进行了引导。针对英谈村的建筑遗产保护，利用建筑特色和历史故事进行功能的引导，对外展示其积淀的深厚历史文化内涵。英谈村建筑遗产中最具代表性的传统院落是"三支四堂"——德和堂、中和堂、贵和堂、汝霖堂，涉及院落 24 处、房屋 509 间，始建于明末清初，为路氏家族鼎盛时期的三兄弟所建（图 4）。英谈村的"四堂"不仅仅是建筑院落的组合，更是村落发展脉络和宗族文化的体现，是一大历史文化特色。此外，"四堂"还承载着太行山区的红色革命历史信息。但是，这些建筑保

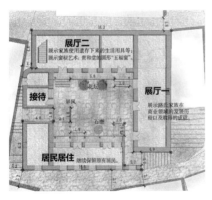
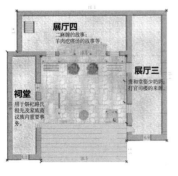

图 4　民居"活化利用"改造和实施效果

存状况堪忧，大多已经闲置。规划根据这些历史信息，有针对性地将其改造成展示场所，或部分展示部分居住，成为英谈村的重要参观景点，赋予其新的功能。

4 村落与环境："全地域"的保护与发展

传统村落不是孤立的个体，而是在区域环境的共同作用下形成。只有在环境中研究村落，才能梳理出村落完整的发展脉络。在传统村落保护规划编制的过程中，应从多层次的空间和要素来研究村庄，以"全地域"的视角为村落制定合理的保护措施和发展路径。

4.1 多层次的空间研究

从区域、村域、村落、内部空间四个层级对传统村落进行全方位的分析，理清村落发展的历史脉络。多层次的空间是人类社会和聚落随着时间的推移在与自然环境的博弈过程中形成的最为和谐稳定的组成形式，蕴藏了古人将自然环境、人文精神、哲学观念巧妙融合在一起的规划思想。通过对多层次的空间研究，可以解析村落营建的特征和文化脉络，也可剖析传统人居智慧理论与方法，为更全面、更科学地制定传统保护与发展策略提供理论依据和研究基础。

就英谈村而言，保护规划从村落的景观影响范围、村域范围、居民点范围以及居民点内部空间四个层级进行研究。景观范围内主要通过视线的分析，研究村落与周边的山体、水体在空间上的关系。村域内研究英谈村整体的空间布局，由于村落内居住的宗族对防卫的需求强烈，英谈村整体呈现防御式的空间格局，村落坐落在坡地较为平缓的区域，东、西、北三面环山，仅有一条羊肠小道（入村路）接入村落内部。南面毗邻山崖，崖下为英谈川，高差约为20米。村落形态随山势起伏，前有案山相对，河流逶迤其间，以山为屏，以水为阻，易守难攻。英谈村由三个居民点构成，以英谈居民点为主要聚居区。居民点形态整体呈现东西长、南北窄，中间密、两头疏的曲线带状，基地呈台地状，建筑基本上顺应山地等高线的走势布置，地势相对平坦的地区建筑呈片状密集分布；高差复杂的地区建筑呈点状散布；沿溪的建筑随岸线呈线状排列。居民点内部街巷空间和宅院空间最具特色，为适应既有地形条件与生活需求形成层次分明的多级街巷，街巷随地势和水体走向曲折变化，整体呈树枝状。民居院落之间相互连通，形成一张严密的立体交通网，使得整个村落有一套完整的防御流线。

4.2 多层次的要素研究

综合评价各个空间层次的内部要素，确定能够对村落保护和人居环境提升产生影响的要素，深入研究此类要素的特征，采取合理的措施和技术手段运用至村落的保护和发展之中。对于英谈村，重点对村落内的建筑、公共空间、道路、水体进行研究，结合其特征有针对性地进行保护规划设计。以水体为例，村落内的三个居民点沿河布置，隔水相望。现状河道宽窄不一，常年有水，但水量不大，河道有阶梯状高差，村民以红石砌筑岸堤，层层叠叠，河道两岸植被丰茂，花开季节，红绿相映。规划保留了周边梯田状的农作物景观，在不破坏原地形基础上于河床底部放置大小不等的碎石，间植水生花草，形成独特的"花溪"景观（图5）。

　　而在后英谈内，有一条季节性河流，在汛期发挥排涝作用。由于河流两侧均为民居，桥上砌有18座桥，间距10—100米不等，桥身多为红石砌筑，部分民居院落甚至建于河流之上，当地称为"桥院"。但这些桥风貌破败，缺乏安全防护。为恢复传统村落"小桥流水人家"的意境，设计中利用乡土石材对桥梁进行加固防护。对独具特色的"桥院"予以保留，引导建筑改造为开敞的"景观亭"，作为小商品售卖或休息空间，为村落未来的旅游发展服务（图6）。

图 5　河道景观改造

图 6　"桥院"改造

5　底蕴与活力："以人为本"的保护与发展

传统村落应是一个充满活力、不断发展的有机体，历史的传承者和村落发展的受益者都是"人"。因此，传统村落的保护与发展应以"人"为落脚点，规划的目标应在引导"人"保护历史、传承文化的前提下，推动村落发展，实现人居环境提升，反哺于"人"。在规划编制的过程中，需要"以人为本"，通过对人的需求的多类型研究，引导人能够在村落的发展中多途径传承历史。

5.1　需求的多类型研究

对传统村落内的原住民、村领导、乡镇领导、旅游者等不同类型人群的需求与意愿进行分析，针对各类人群的特性，制定调查问卷，主要针对原住民的保护意识、游客对传统文化的认知和村镇领导对村落未来发展方向的思考等多个方面进行调查，为传统村落的保护和发展提供方向。

九里村在现状调研过程中，向部分村民、村镇领导和游客共发放问卷100份，回收100份。通过对问卷的梳理，对于九里古村改造的目标，村镇领导认为应展示和弘扬村庄历史文化和发展旅游，促进村民增收；关于传统历史文化方面，71%的游客认为村庄最大的特色是季子文化，然后是四水环绕和十字街空间格局；对于村庄内发展商业，80%的村民认为应该在历史街巷两侧，应恢复东、西街和南街商业街；针对九里古村生活环境的改善问题，村民多关注房屋整改、交通改善；村庄设施环境改善后，65%的村民愿意搬迁回老村居住；但对于村庄的保护和建设，79%的村民不愿意出资（图7）。

问卷调查的结果清晰地反映了各类人群的需求与意愿，为传统村落规划功能定位、村庄发展方向等多个方面提供参考价值，也能够反映出传统保护工作开展所面临的困难。

5.2　发展中的多类型传承

在传统村落人居环境的提升过程中，引导村民在物质空间的更新以及村落产业的发展中多途径地对传统的民俗活动、技艺、乡村风貌等进行传承与利用，为村落的参观者提供可游可想的文化之旅，利用村落弘扬传统文化的精髓，形成传统村落保护与发展的良性循环。

（1）物质空间更新中的传承

引导村民将传统的民俗活动、建造技艺、乡土建材等代表着传统文化的精髓融入村落物质空间更新之中，以传统的形式融入现代农村生活中。在村落基础设施改善、公共活动空间提升、民居修缮、道路改造等多项工程中，因地制宜地将传统工艺、新技术、乡土建材融合在各项工程的实施之中。

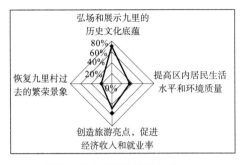

村镇领导对村庄改造目标的调查

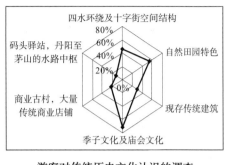

游客对传统历史文化认识的调查

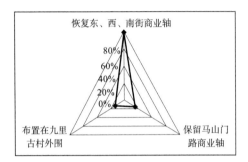

村民对商业开发位置意向的调查

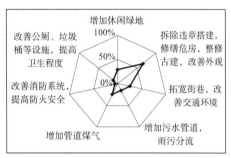

村民对保护整治意愿的调查

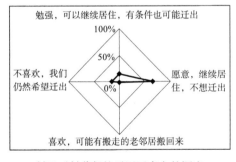

村民对村落保护后回迁意向的调查

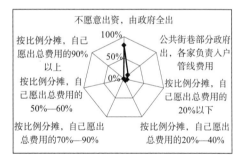

村民对保护出资意愿的调查

图 7　问卷调查统计分析

　　英谈村在农村面貌改造中将太行山区乡土建材运用得淋漓尽致，规划强调村民在施工中须尽可能地运用乡土材料，严格保护好村落的传统风貌。引导村民就地取材，将拆除危房的砖进行整理，形状规整的红砖运用至其他民居的修缮和维护之中，破损的砖块进行巧妙的处理，用于公共活动空间场地和道路的铺装（图8）。

　　河道水系的整治将传统的工艺和建材完美结合，河道中结合地形设置的景观拦水坝取材河床整理中多余的碎石，利用传统的叠石工艺辅以适当的混凝土，建造既符合传统风貌又能长久使用的景观设施。同样，村庄的基础设施提升借鉴历史街区保护所采用的技术，结合地形，有的放矢，将双翁漏斗式改厕技术、灵活的排水技术、集中式污水处理技术等一系列适用的新技术合理地运用到基础工程改造中（图9）。

红砂岩就地取材 ➡ 巧妙处理、形式各样 ➡ 建筑修复、道路更新

图8 英谈村乡土建材的实施

图9 双瓮漏斗式改厕技术

（2）产业发展中的传承

旅游业是传统村落产业发展的核心，服务的对象主要是各类参观者。为了让各类参观者通过对传统村落的游览，能够对中国的传统文化、乡土风貌产生共鸣。保护规划中应结合村落的保护植入互动的文化空间，既为参观者提供活动的场所，又能够在这类空间中处处感受到传统文化的气息。

英谈村利用独具特色的乡村风貌，引导村落发展为写生、摄影等活动基地，为艺术家提供创作的素材，也是借艺术家之手，展现传统村落的美。同时，将村落内的空间充分复合化，引导部分民居发展为旅游配套的特色民宿，村民活动空间可临时变为民俗文化的表演场所（图 10）。

图 10　英谈村参观者活动场所

6　结语

从时间、空间和人"三维度"进行传统村落保护，相较于常规的保护规划编制技术更具有完整性、连续性和可操作性。就传统村落所承载的历史记忆、重要的当代特色以及未来的发展方向进行全面的、立体的考虑，以达到对历史文化的传承、当代特色的保存和未来发展的憧憬的目标，为中国传统村落的保护和发展探索更为合适的路径。

（本文转载自《2015 中国城市规划年会论文集》。）

参考文献

[1] 冯骥才："传统村落的困境与出路——兼谈传统村落是另一类文化遗产"，《民间文化论坛》，2013年第1期。
[2] 林兆武、刘淑虎、林从华："闽西客家传统村落空间营建模式初探"，《建筑与文化》，2015年第4期。
[3] 林祖锐、李恒艳："英谈村空间形态与建筑特色分析"，《建筑学报》，2011年第S2期。
[4] 沈旸、梅耀林、徐宁："民间智慧的惠泽与反哺——英谈历史名村的农村面貌改造提升"，《建筑学报》，2013年第12期。
[5] 王晶晶："山西传统村落保护的现状问题与应对措施的几点思考"，《文物世界》，2014年第1期。
[6] 王路："村落的未来景象——传统村落的经验与当代聚落规划"，《建筑学报》，2000年第11期。

德国乡村发展和特色保护传承的经验借鉴与启示 [①]

吴唯佳　唐　燕　唐婧娴

摘　要　德国乡村发展有着长期历史。战后经济高潮之后的城镇化快速发展，推动了城市的区域化扩展，使得德国乡村地区面临城乡社会融合、可持续发展和特色保护等的严峻挑战。作为欧盟主要成员国之一，从欧盟到国家和地方构建的包括乡村发展、环境保护、财政支持等多层次策略，对德国乡村发展的战略政策、制度安排等产生重要影响。经过多年的多元农业发展策略实施，德国乡村已经初步形成了农户、政府、市场之间的互动关系。在此基础上，围绕乡村地区的村庄建设区和农业生产区两种主要空间地域类型，形成了包括乡村更新、土地重整等在内的乡村发展战略、规划管理工具、实施制度安排等。本研究以案例研究和文献整理的方法，概述了德国乡村发展的理念、策略框架和做法，以期对现代化和城镇化进程中的江苏乡村发展提供有意义的借鉴与启示。

关键词　乡村发展；地域特色保护；德国；文化保护；规划工具；土地整理；整体战略

1　前言

在我国，江苏的乡村整治工作有着独特特点。费孝通先生在他的著作《江村经济》[②]中展现了乡村的现实以及乡村治理的本质，即依靠地区的内在力量和区域生产要素之间的相互依存关系，努力求得共同的生存，应对自然的挑战。今天，生存仍然是乡村经济社会发展的重大挑战。乡村整治需要充分尊重民情民意，带动和引导村民形成合力，引进新的理念，促进乡村经济社会发展。过去一段时间里，我国乡村工作也有过粗暴的阶段，动员和发动村民不够，究其原因是对乡村发展本质了解不够，随着江苏现代化的发展，尊重民意、动员村民参与的乡村整治经验得到了更广泛的普及和推广。

德国乡村发展的核心原则，是要充分调动和发挥村民的积极性，使其参与到乡村整治的过程中来，以推动乡村的发展转型。村民能否顺应时代的发展变化，真正参与乡村家园的建设，改善和提升村庄人居环境，是鉴别乡村发展战略成败的重要标准。本文将简单介

作者简介

吴唯佳，清华大学建筑学院教授，清华大学建筑与城市研究所副所长，建筑学院城市规划系主任；
唐燕，清华大学建筑学院城市规划系副教授；
唐婧娴，清华大学建筑学院城市规划系，博士研究生。

绍德国乡村发展的经验和历程，对当前乡村建设所采取的综合措施、战略政策和规划工具作一概要回顾。

2　德国乡村地区的界定与整体发展情况

整体说来，德国的乡村整治是以社会融合、经济发展、文化保护、建筑改善等为核心，由联邦、州和地方政府联合社会团体、动员乡村社区村民参与的综合发展策略措施。乡村整治的主要组织方是联邦以及各州和地方政府。其中，20 世纪 60 年代初以来，"联邦食物、农业经济和消费者保护部"与德国园林建设协会以及有关各州不同部门等合作，持续推动了 50 多年"美丽村庄"两年一度的竞赛活动，取得了巨大成果和示范影响。随着欧盟共同农业政策和相关基金项目的实施，德国的乡村整治不再是对村庄外观的简单整理和美化，而是一项以完善功能、改善发展条件、推动经济社会整合为重点的乡村社会综合工程。近年来，由于乡村人口和产业结构的变化以及气候变化等新的要求，乡村整治又有了融合社会包容和可持续发展的新的战略重点。乡村发展越来越要求将乡村整治与生活品质改善、乡村就业、居住与社区公共关系等结合起来，实现基础设施、空间品质、农业生产的全方位现代化。如果仅仅是乡村景观的美化和修补，而没有上述工作，就会在价值认同、历史关联以及文化特性方面失去社会共识，错失把握乡村发展内生动力的机会。

德国是具有分权传统的联邦制国家，以联邦、州和社区（城市／县）三级行政管理层级进行管理。社区按照城市人口的分布程度分为城市型地区（urban district，或叫作密集型地区）和乡村型地区（rural district）（图 1）。城市型地区有乡村，但是以城市为主；乡村

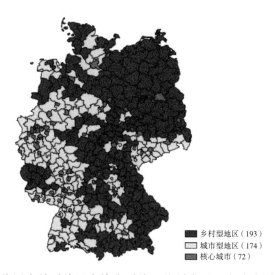

■ 乡村型地区（193）
□ 城市型地区（174）
▨ 核心城市（72）

图 1　德国乡村型地区和城市型地区的划定（深色为乡村型地区）

型地区有城市，但以乡村为主。德国各州界定乡村的标准根据策略的不同会有所差别。比较核心的指标包括单位土地面积居住的居民数量、乡村人口在某一区域内的比重、基础设施特点以及在区域中的位置。一般认为，低于每平方公里150人的地区为乡村地区。另外，德国各州可以有自己的分类系统；联邦建设与区域规划局根据行动的内容和分析的目的也会划定不同的边界。

由于经济发展水平、劳动力市场和人口发展趋势的区域差异，德国农村地区表现出较大的差异性。在东北部大片农村地区出现了经济的结构性衰减，而在西北部和南部的一些地区，经济增长势头明显（图2）。人口方面，无论东部还是西部都出现了乡村人口减少的趋势，人口的老龄化和少子化等进一步恶化了这一趋势。

图2 德国乡村地区发展情况分类

3 德国乡村更新的发展历程

德国的乡村整治经历了漫长的过程（表1）。早在第二次世界大战之前，基于工业社会的急剧变化和工业化向乡村地区的迅速扩展，德国就开始乡村美化运动，对乡村模式进行探索。当时主要关心的是景观上保持良好的乡村特色，设施上改善住宅和公共设施卫生条件、建设公共活动设施等。

表 1　德国乡村发展的阶段划分及特征总结

阶段	发展背景	乡村发展的特点	乡村建设方面重要的制度法律	乡村人居环境结果
1936—1953 年	"二战"以前，德国长期处于农业社会，建设集中在城市之中	乡村发展走上法制化道路，主要是一般的设施的改善和土地整理，并不精细	1936 年《帝国土地改革法》	农村的发展开始在一定的制度约束下，但是对乡村特殊要素的保护和传承并没有得到重视，具有历史价值的建筑被破坏
1954—1970 年	"二战"后大规模的重建工作，大量的工业场所转移至乡村，开始农业改革，到 1960 年后，德国的经济腾飞	乡村发展重视农业、林业经济的发展，在局部地区出现了整体的乡村发展规划，重视基础设施的改善和房屋新建	1954 年《土地整理法》（西德）；1960 年《联邦建设法》；1960 年巴登符腾堡州出台乡村发展规划；1965 年《规划图例法》	新建为主，乡村的生活环境条件得到很大的改善，但不重视肌理和风貌的保护，破坏比较严重
1971—1980 年	石油危机后，德国发展缓慢，环境问题和城市建设的质量问题受到了重视，德国的城乡建设进入结构性调整时期，大规模城市人口涌向乡村	乡村更新和规划受到欧洲整体范围文化遗产保护的影响，重视社会的综合提升，包括经济、文化、环境、景观	1971 年《城镇建设促进法》；1976 年修订《土地整理法》，将村庄更新明确写入法律；1977 年《农业结构和海岸地区保护协议》，乡村更新正式开始	乡村发展重视地方的特色、环境资源特点、历史文脉和聚落肌理的保护与延续，村庄的发展显示出自身的魅力
1980—1990 年代	发展依然比较缓慢，制度建设不断完善和细化	乡村发展开始具有整体意识，更加系统化和规范化；有法定工具和非法定工具共同作用	1984 年"乡村更新"作为独立议程；1986 年《建设法典》	乡村环境改善，建设突出地方建筑、肌理、文化、景观特色
1990 年代末至今	全球化发展的背景，欧盟推出了一系列农业提升的政策，乡村的发展出现新的契机	可持续发展的理念被融入乡村的建设实践；生态、文化、旅游、休闲、经济等价值得到同等的重视；开展年度农村文化竞赛	欧盟出台 CAP/LEADER/LEADER+ 等政策和项目	乡村发展在欧盟和本国的双重支持下，得以全方位地发展和提升，生活富足，环境优雅，特色鲜明

资料来源：常江等（2006）；吴唯佳（1996）；易鑫、施耐德（2013）；谢辉等（2015）；Chigbu（2012）。

第二次世界大战结束后，德国经济社会进入重建时期。面对巨大的社会转折，为了摆脱战后的经济困境，鼓励为未来而生活工作的勇气，部分乡村地区开始了乡村整治工作。其中，石勒苏益格—霍尔斯坦的劳恩堡在 1952 年最早开始了村庄美化，巴伐利亚也在 20

世纪50年代末开始类似的运动。

20世纪60年代德国进入经济增长期，工业化、现代化、电气化、汽车化风起云涌；保护自然环境、维护乡村人文传统成为这一时期的重要社会思潮，类似于保护乡村家园的活动成为重要的社会项目。1961年，由莱纳特·贝纳多特伯爵和德国园林建设协会在德国南部的博登湖迈瑙岛举行会议，签署了《迈瑙绿色宪章》。宪章提出以生态科学和服务社会大众为基础的景观建设基本思路与理念，开展适应现代化和以人为本的乡村家园与自然保护工作，鼓励乡村生产生活条件的改善和自然环境保护的和谐发展。这个文件成为德国乡村景观整治的重要文件，推动了乡村整治的创新发展。以此为基础，在联邦有关部门和德国园林建设协会组织下，1961年开始了"我们的村庄应该更美丽"的全国性竞赛活动。竞赛致力于动员乡村居民的参与，促进村庄整治和乡村经济发展的融合，提供相关经验的交流平台。美丽乡村的竞赛得到了各州的乡村社区和村民的热情参与，特别是那些距离大城市不远的旅游村庄的热情参与。1961年参与活动的村庄有1 970个，1973年增加到4 222个。

20世纪60年代的现代化进程对村庄建设的影响，突出表现在村庄基础设施建设上。为了突破美丽乡村建设仅限于美学、景观形式的局限，相关负责单位开始引入现代规划原则，重视乡村整治中的功能改善。具体整治中，绿化植被开始要求结合生态功能进行种植；农宅居住设施开始引进煤油炉进行取暖，交通运输开始使用汽车和拖拉机从事耕作运输生产。村庄的电气化得到推广，部分村庄之间、村庄和城市之间也建立了轨道运输联系。为了适应农业机械化和规模化经营的要求，农业用地的重组成为乡村发展的重要条件，农地重划成为这个时期乡村整治的重要措施。村庄外围地区也出现工业区和工业厂房。

到了20世纪70年代，城市居民追求贴近自然的乡村生活，在农村地区寻求适宜的居住地点，出现了郊区化现象。随着高速公路和通勤铁路系统的完善，距离大城市100—200公里、具有通勤条件、风景秀丽和环境优美的乡村地区成为郊区化的首选。大量城市居民选择在乡村地区居住，在城市工作，使得原先主要由农业人口组成的乡村聚落转变为不同从业人口聚居的混合聚落，传统乡村以农民为主的单一社会结构面临挑战。乡村地区的土地开发也面临开发过度、土地使用混乱、村庄特色和魅力丧失的问题。1976年，联邦政府对《土地整理法》进行了修订，乡村建设纳入其中。这个时期，乡村的机动车道路、下水道和供水系统逐渐普及，乡村建设开始重视村庄内部道路的布置和对外交通的合理规划，关注村庄的生态环境整治，重视乡村特色和发展潜力。随着对历史保护的重视，村庄的历史遗传保护也成为村庄景观保护的重要议题，历史村庄和遗产的保护与整修成为美丽乡村的重要内容。村庄竞赛成为理性现代化的政策工具。

20世纪80年代之后，随着全球化和农业现代化的发展，农业人口逐渐减少，农村人口开始流失。在巴登符腾堡州，1961年从事农业和林业生产的劳动力占所有劳动力的比重为 16%，到 2013 年已经降低为 1%—2%。村庄出现了老龄化、少子化、空心化现象，部分村庄住宅出现空置。合并学校、拆除空置村舍建设村庄公共绿地与公共设施以发展旅游等成为乡村整治和美丽乡村的新的做法。为了提高乡村地区的生产力水平，农业开始引进用地的分区规划，寻找功能适宜的土地利用，构造高品质的农业生产和乡村景观以及充满活力的农村社区成为这个时期的努力方向（图 3、图 4）。

改造前   改造后

图 3   霍勒巴赫（Hollerbach）[波横城（StadtBuchen）]:1992 年改造前后

1960 年前还是以林业为主的村庄   现在已成为以各类休闲活动为主的旅游度假胜地

图 4   拉拓帕（Latrop）改造前后

1992 年里约会议之后，美丽乡村竞赛逐渐转向未来乡村的建设，2007 年正式将之前的"我们的村庄应该更美丽"调整为"我们的村庄有未来"，以此来贯彻落实 21 世纪可持续发展地方议程。"我们的村庄有未来"重视村庄基础设施改善下村庄未来的可能形式，同时也更多地重视村庄文化和传统的保护与传承。竞赛只允许 3 000 居民以下的村庄参与，竞赛注重村庄居民的参与程度以及对村庄未来的创新性理念等。竞赛将乡村空间看作是人类与动植物共同生存的重要空间，强调经济和文化发展对乡村整治的重要意义。竞赛分为区县、州和国家三轮，由联邦、州、县区评委和各相关部委代表担当评委进行评选。竞赛评分标准侧重于村庄生活质量的提升，但也随着时代的不同而有所不同。2013 年联邦评分标准包括村庄发展的理念和模式、乡村经济发展与创意、乡村社会和文化活动、乡村建筑形式与发展、绿色形式与发展等。2004年黑森林盖斯巴赫（绍普夫海姆）参赛项目获百分制中的98分，为竞赛史上的最高分。

随着气候变化、现代休闲等概念的深入，乡村整治也注入了保护气候和发展休闲度假等内容。其中，推广各家各户使用太阳能电池板、发展绿道和步行路径等已经成为乡村整治的重要内容。

1961—2013年，"我们的村庄有未来"竞赛的参与单位共计109 930个，总共颁布了283块金牌、284块银牌、173块铜牌。

总体来看，乡村发展受到整个德国社会发展阶段的影响，特别是"二战"后产业向乡村转移以及20世纪70年代城市郊区化和城市人口的"返乡运动"，对乡村的规模、风貌构成了极大的挑战。从经济发展情况看，在20世纪60年代经济高速发展时期，对速度的追求导致对乡村风貌特色的忽视。石油危机之后，增长速度趋缓，环境保护、历史文化特色保护、建设质量提升的重要性逐渐在大众和政府层面形成共识，乡村的建设开始呈现出自身的独特性和魅力。相应地，乡村的规划制度建设在与社会发展的同步探索中不断完善和规范化，并具有一定的灵活性。规划从单纯重视乡村地区的基础设施改善，过渡到经济、环境、历史保护并重，进而发展到从整体上思考村落与整个乡村地区的发展相结合，并且开始积极推动乡村居民的参与。从20世纪90年代到今天，德国的乡村整治和发展逐步纳入到欧盟的体系中，思考如何通过从区域整体发展角度出发，构建乡村地区在区域内部新的角色和新的意义。

4 欧洲与德国的乡村发展策略

1962年，欧共体制定了共同的农业政策，以此为基础建立了欧盟农业和乡村发展总局，致力于推动农业与乡村发展。欧盟农业和乡村发展总局之下设有促进乡村发展的多个基金项目（图5）。

欧盟以共同农业政策作为统筹性政策框架的农业政策，每五年制定一次；其核心理念是采取市场与农业发展相结合的策略，目标是通过加强健康、高质量生产、环境可持续的生产方式、循环利用、生物多样性保护等措施，将经济发展与自然资源、生物多样性、生态系统保护、避免资源浪费等并行考虑，以期实现乡村地区真正的可持续发展。

在共同农业政策框架下设立的乡村发展欧洲农业基金，为申请者提供了四类农业和乡村发展项目，包括提高农业和林业竞争力、改善乡村环境质量、促进农村生活品质改善和经济多样性、促进乡村治理制度创新。欧洲农业和乡村发展项目的基本理念是以农业发展为基础，通过竞争力、生态、资源、社会包容性等战略，利用乡村经济社会发展与开发活动相结合的项目工具，推动实施农业发展计划，促使一体化的乡村发展。一方面，通过促进技术进步，提高农业生产力，确保农业生产的合理发展和生产要素的优化利用；另一方面，保障农业社会的生活能够达到公平的标准，增加从事农业劳动的劳动者的个人收入水平。

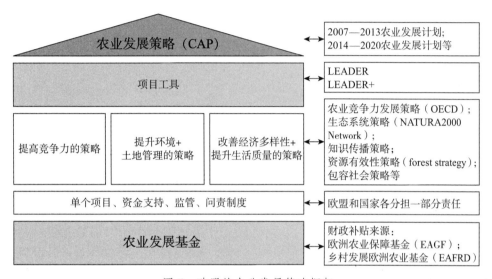

图 5　欧盟的农业发展策略框架

基金支持乡村发展项目改善农场竞争力，完善农业和林业经营，保护自然环境，提高乡村地区的经济发展水平和生活质量。近年来基金将重点放在乡村地区复兴、气候变化、再生能源、生物多样性、水资源管理等多个方面。

目前欧盟在成员国内设有一百多项农业和乡村发展项目，不同国家的项目重点和数量不等。乡村发展项目下的欧洲乡村经济与发展网络致力于发展和普及农村发展的知识，其中 LEADER 项目（Liaison Entre Actions de Développement de l'Économie Rurale，即联系农村经济和发展的行动）为乡村发展活动组织者提供乡村发展方法，包括实施工具、数据库、分析方法、活动组织等。LEADER 通过在公共、私营和民间部门之间形成次区域的伙伴关系，帮助解决农村发展过程中的能源和资源问题，它与地方发展战略和资源配置关系紧密。其主要参与行动的代表为地方行动组，所有这些构成了共同农业政策的实施工具。

为了保障项目经费能够真正用于乡村的建设，欧盟到地方各层级设有项目管理、资金发放管理、监督问责等一系列制度安排。

在德国，在执行欧盟的共同农业政策之外，采取的乡村发展框架主要用来补充欧盟既有的农业政策和财政政策，促进农业的发展，不再单独设置体系，避免层级上的矛盾，具体有农业结构调整和海岸保护政策（GAK）[③]、区域经济结构改善政策（GRW）。

在财政支持上，德国和欧盟都设有乡村策略和结构基金，各个层面均有义务为农村的发展做出一定贡献。欧盟层面的财政补贴主要来自欧洲农业保障基金和乡村发展欧洲农业基金。欧洲农业保障基金根据共同农业政策，对农户进行直接财政支持，用于诸如干预和出口退款等农业市场的调控。德国国内部分联邦、州分别出资60%、40%，通过区域支付当局至最终受益主体（图6）。

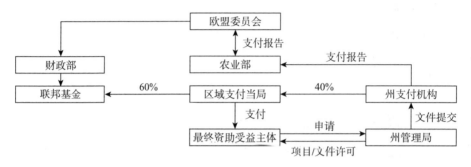

图6　针对德国农业结构调整和海岸保护政策（GAK）的资助框架

资料来源：OECD Rural Policy Reviews:Germany，2007.

除此之外，欧洲还有其他方面的乡村发展措施，如欧盟"NATURA 2000 Network"，是欧盟自然和生物多样性政策的核心部分，致力于长期保护欧洲最有价值及濒危物种和栖息地。对于农场与生物多样性，欧盟"NATURA 2000 Network"尝试刺激逐渐式微的农业及从事农业的群体，利用多元化的策略刺激农业经济的再复兴，如推动高附加价值产品的销售或与旅游业等结盟，补贴沼气发电、肥料生产及循环利用，规定林业管理处保留树木作为其他生物的栖息地。

1975年起，在法国和英国开始了城市和村庄景观竞赛；1996年，成立了欧洲园艺景观协会，竞赛成员国发展到欧盟和欧元区国家；2006年，有12个国家参与，参加竞赛的城市要求为1万人口以上的城镇，村庄要求为1万人以下的村庄。由参赛国家选出代表性城市和村庄参与竞赛角逐，主要关注景观与植物、自然和建筑环境以及旅游和公共卫生等。作为参赛国，德国乡村景观竞赛多次获得金牌。

1990年起，设在奥地利维也纳的欧洲乡村发展和村庄更新工作协会，每两年举办一次欧洲村庄更新奖，1990—2010年共举办11次竞赛，有16个国家的276个村庄参与，主要关注文化景观下环境导向的农业和林业经济发展以及提高区域能力的城市发展措施。德国于1992年和2000年分别在竞赛中获胜。

5　德国乡村特色的空间发展策略和规划工具

德国的乡村空间发展政策和实施工具分为村庄建设与农业生产两个层面来执行。村庄建设的规划工具是土地利用规划和建设规划。除此之外，指导性、战略性的项目策略设计，包括 ILEK（Integriertes Ländliches Entwicklungskonzept）农村整体发展战略、社区层面的乡村更新项目等，农业生产包括农业景观策略、农业改良项目、土壤改善等农业生产策略以及相应的田地重划等法律工具，以解决农业和村庄发展中面临的土地流转与产权调整等问题。其中，开发建设落实于土地使用规划和建设规划，农村发展落实于乡村整治、农业发展项目和田地重划。

土地利用规划（图 7）和建设规划（图 8、图 9）是德国规划体系中的主要部分。土地

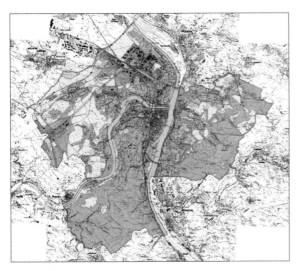

图 7　德国土地利用规划示例

资料来源：http://www.stadtentwicklung.berlin.de/planen/staedtebau−projekte/alexanderplatz/de/planungen/bplan/bplan_b4ba/index.shtml.

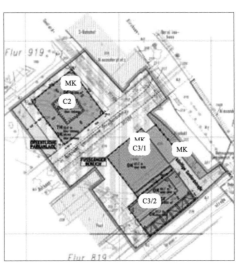

图 8　建设规划示例

资料来源：http://www.stadtentwicklung.berlin.de/planen/staedtebau−projekte/alexanderplatz/de/planungen/bplan/bplan_b4ba/index.shtml. MK：核心区，C2，2 类。

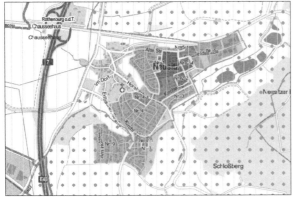

图 9　诺伊西茨（Neusitz）的建设规划（右图为地块九的建设规划放大图）

资料来源：http://www.neusitz.de/ISY/mlib/media/Bebauungsplan_Nr.9_Neusitz_Kreisfeld.pdf?mediatrace=.118.WA：一般住宅区。

利用规划属于法定规划的一个层次，是地方政府对辖区内土地利用的前瞻性安排，具有协调解决土地开发中不同使用功能的矛盾冲突、提供相应的基础设施开发条件的作用。土地利用规划是一种指导性和战略性安排的规划。建设规划是法定规划的另一个层次，与土地利用规划相配合。建设规划直接安排和规定了建设开发的性质、规模、范围以及建筑物的位置、配套设施等，是对建设行为唯一具有法律约束力的规划。德国乡村规划的制定和实施以相应的法规为基础，执行《建设法典》和《田地重划法》。

　　除了土地利用规划和建设规划之外，乡村发展还有其他策略性工具，包括 ILEK 整体农村发展战略和乡村更新策略。整体农村发展策略通过跨镇域的战略方式来鼓励乡村发展，发展农村地区的生活、工作、娱乐和自然生态区。其目的是结合农村地区特点，充分发挥不同领域的管理行动，发掘区域网络的相互作用，推动农业发展在区域范围内的结构性调整。ILEK 一般会根据地区发展的特点来确定工作的内容，如景观 ILEK、旅游、自然栖息地保护等，例如北莱茵—威斯特州的利佩塔尔—利普施塔特（Lippetal-Lippstadt）地区整体农村发展战略核心概念是跨区域的流域保护和发展，根据对土地恢复保持、农业改良、景观保护等需要划定相应的土地利用政策区域，根据政策区域争取联邦资金和政策扶持（图 10、图 11）。

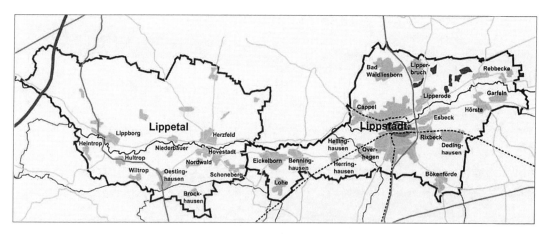

图 10　北莱茵—威斯特州的利佩塔尔—利普施塔特地区整体乡村发展策略实施范围

资料来源：http://www.lippstadt.de/planen/stadtplanung/landschaft_oekologie/ILEK.php.

　　乡村更新一般与土地整理配合进行，有时候进行小规模的纯建筑翻新改造等。总体来说，乡村更新不是让乡村变得"新"，或者变成像城市一样，而是让乡村回归或保持原有的乡土文化身份。乡村更新具体的目标包括：保护和传承历史村落的生长结构；保护典型建筑的用途；改善工作、居住、游憩的环境；激发社会文化经济等方面的活力和特点；提升乡村农业、手工业、服务业的条件等，以改善乡村生活，适合当代发展要求，促进经济社

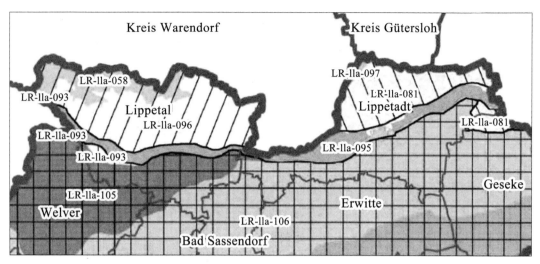

Abbildung A1：Landscgaften in der ILEK-Regin

图 11　利佩塔尔—利普施塔特地区整体发展策略——地景政策区域

注：①LR-lla-058：贝库姆的山及山脚区域：结构性文化景观的保护和发展。②LR-lla-081：桑德和卡培恩之间的低地：通过基于区位与环境的精细管理以及通过再生并优化湿地、自然水体、河滩等典型低地景观与栖息地，来保留和发展可持续农业功能及结构性文化景观；确定结合自然保护功能的景观性休憩功能。③LR-lla-093：维斯瓦河冰河期的利珀河台地：提升由乡村塑造的文化景观；保护诸如聚落边缘区的林荫路、果园、灌木、大型乔木与绿篱等在历史中形成的结构物。④LR-lla-095：上利珀河谷：通过再自然化、创造典型的河滩栖息地，来保护和发展该地的自然河滩景观，如河流故道、多种功能的绿地、滨水地区、小群落的生态；维护、巩固河漫滩的植被；保护、加密现存的树篱与乔木系统，以动植物栖息地和鸟类保护区的功能为基础，在河滩地区建立长久性的自然保护区。⑤LR-lla-096：利斯博恩台地：对不同类型的农业文化景观予以保护和发展，包括拥有小水域、滨水地区和林地结构的多样性田地，种植乡土地域性的植被、果树来塑造住区景观。⑥LR-lla-097：本特勒尔低地：可持续功能与结构性文化景观的传承、保护和发展。⑦LR-lla-105：自贝格卡门至韦尔费尔的覆土丘陵：通过恢复植被来养护和发展农业景观；养护和发展草甸混合区域的生态环境。⑧LR-lla-106：苏斯特低原：通过种植乔木、果树、树篱来保护发展传统文化景观；恢复河流并创造非功能性的滨水地区；增加河滩地和低地的绿地面积。

资料来源：http://www.lippstadt.de/planen/stadtplanung/landschaft_oekologie/ILEK.php.

会的全面进步。因此，乡村更新中乡村形式本身不是最为关键的。乡村更新十分重视村民意愿，鼓励多元主体参与，包括政府、社区、工作组、开发团体、商业机构、公共组织等。作为规划体系的一个部分，乡村更新也有自己的工作流程，对项目、目标和资金、公众参与等进行规范（图12、图13）。

规划过程		
现状描述	分析优势、劣势	确定发展模式
	确定短期、中期、长期的发展目标和理念	
确定优先保护或发展的内容	讨论多种可能性的选择和路径	确定根植地方的方法手段

图 12　乡村更新的规划过程

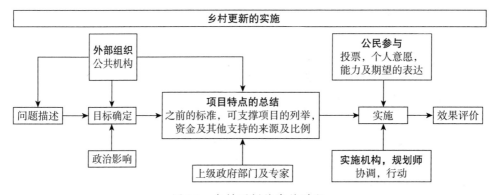

图 13　乡村更新的实施过程

资料来源：Chigbu（2012），作者整理。

对于农业生产区最为核心的土地重划（图14），战后以来，为解决农地地块分散、细碎、不便于机械化作业问题，从1953年至今，德国按照《土地整理法》规定，实施了土地整理计划，由参与计划的农地所有者组成共同体，在国家支持下通过田地重整程序，对农地之间进行互换、重新登记，加以平整改造，使之连片成方，适合机械化耕作，促进农业集约化和规模化。通过对农业用地、村庄用地、道路基础设施用地之间的土地重划，能够大幅提高土地使用效率和价值，促进农业生产，改善村庄聚落。土地重划的具体方案中一般会涉及景观管理、水土保持、环境整治、增设农业设施、历史遗产保护等多个方面。

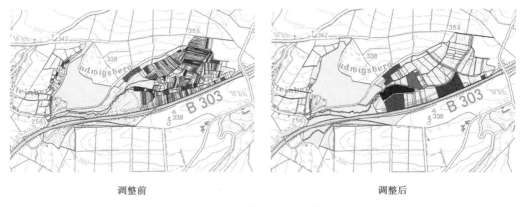

调整前　　　　　　　　　　　　调整后

图 14　德国土地重划

资料来源：巴伐利亚农业、森林、食品政府网站：http://www.aelf-kt.bayern.de/forstwir tschaft/waldbesitzer/072592/index.php。

6　结语

德国乡村发展的主要经验可以概括为一致性、特殊性、参与和激励。与其他发展项目类似，德国乡村发展的规划、政策、工具拥有联邦、州整体一致的基本理念，针对的是乡村发展的一般情况和时代问题，根本目的是策略和适宜相结合，以达到预设的政策目标；德国的乡村工作重视各政策实施和执行部门解决问题的针对性，以及它在乡村发展的整体系统中的效果评价，并及时予以调整。德国乡村建设十分关注农民参与和多方激励，特别重视农民的积极性、市场的积极性和公众参与，把多方的力量凝聚起来，最终通过经济、社会、文化、环境、农业整体的发展，实现乡村的可持续和特色保护与传承。

注释

① 本研究由首都区域空间规划研究北京市重点实验室 2014 年度科技创新基地培育与发展工程专项项目 "首都区域空间治理准则" 支持。

② 费孝通：《江村经济：中国农民的生活》，商务印书馆，2001 年。

③ Verbesserung der Agrarstruktur und des Küstenschutzes.

参考文献

［1］Bebauungsplan I-B4ba Gruner-/Rathausstrae und I-B4bb Rathausstrae. http://www.stadtentwicklung. berlin.de/planen/staedtebau-projekte/alexanderplatz/de/planungen/bplan/bplan_b4ba/index.shtml.

［2］Bebauungsplan Nr.9 Mit integriertem grünordnungsplan Kreisfeld. http://www.neusitz.de/ISY/mlib/media/ Bebauungsplan_Nr.9_Neusitz_Kreisfeld.pdf?mediatrace=.118.

［3］Bundesministerium für Ernährung, Landwirtschaft und Verbraucherschutz, Deutsche Gartenbau-Gesellschaft 1822 e.V.. Unser Dorf hat Zukunft: 50 Jahre Dorfwettbewerb 1961-2011.

［4］Chigbu, U. E. 2012. Village Renewal as an Instrument of Rural Development: Evidence from Weyarn, Germany. *Community Development*, Vol.43, No.2.

［5］Die europäischen Arbeitsgemeinschaft Landentwicklung und Dorferneuerung (ARGE). http://www. landentwicklung.org/home-de-de/.

［6］EU rural development policy 2007-2013. http://ec.europa.eu/agriculture/publi/fact/rurdev2007/2007_ en.pdf.

［7］European Network for Rural Development: Third Annual Work Plan 2010-2011. http://enrd.ec.europa.eu/ enrd-static/en/en-rd-presentation_en.html.

［8］INKAR: Indikatoren und Karten zur Raumentwicklung (CD-ROM), Bonn, Germany. 2005.

［9］Integriertes ländliches Entwicklungskonzept-ILEK. http://www.lippstadt.de/planen/stadtplanung/ landschaft_oekologie/ILEK.php.

［10］Inter 3 Institut für Ressourcenmanagement; Data base: Federal Bureau of Statistics; Federal Labour Market Authority; Spatial Planning Prognosis 2030 of BBSR Geometrical base: BKG, Counties by 31.12.2012.

［11］OECD Rural Policy Reviews: Germany. 2007. Organisation for Economic Co-operation and Development. http://www.oecd-ilibrary.org/urban-rural-and-regional-development/oecd-rural-policy-reviews-germany-2007_9789264013933-en.

[12]Strube, S.. Euer Dorf soll schöner warden: Ländlicher Wandel, staatliche Planung und Demokratisierung in der Bundesrepublik Deutschland. Band 6. Vandenhoeck & Ruprecht, 2013.

[13]The Leader Approach: A Basic Guide. http://ec.europa.eu/agriculture/rur/leaderplus/pdf/factsheet_en.pdf.

[14]（德）G. 阿尔伯斯著，吴唯佳译:《城市规划理论与实践概论》，科学出版社，2000 年。

[15]常江、朱冬冬、冯姗姗:"德国村庄更新及其对我国新农村建设的借鉴意义"，《建筑学报》，2006 年第 11 期。

[16]"德国巴伐利亚农业与乡村政策解析如何支持家庭农业"，http://tasleblog.blogspot.com/2014/07/blog-post_8.html。

[17]费孝通:《江村经济：中国农民的生活》，商务印书馆，2001 年。

[18]吴唯佳:"德国的城市规划法"，《国外城市规划》，1996 年第 1 期。

[19]谢辉、余天虹、李亨:"农村建设理论与实践——以德国为例"，《城市发展研究》，2015 年第 9 期。

[20]易鑫、克里斯蒂安·施耐德:"德国的整合性乡村更新规划与地方文化认同构建"，《现代城市研究》，2013 年第 6 期。

行香子四首·江苏美丽乡村行①

周 游

（一）宜兴张阳茶村

杏倚园墙，竹吻纱窗。

紫藤下、冲沏茶汤。

松风雪乳，芽展旗枪。

享咽喉清，心神爽，齿唇香。

径通重岭，叶抚群芳。

指翻飞、红袖轻扬。

日辉彩笠，背负青筐。

醉歌声甜，语声软，笑声长。

（二）溧阳深溪芥山村②

峰麓缤纷，岚雾氤氲。

步村磴、回望逡巡。

粉墙黛瓦，红杏青筠。

喜老翁棋，小姑浣，丈夫耘。

鳞光潋滟，盘曲龙身。

高昂首、尾护山门。

飞流雪溅，吟唱声闻。

悟晴溪仁，雨溪勇，月溪亲。

作者简介

周游，江苏省人民政府原副秘书长，江苏省住房和城乡建设厅原厅长。

（三）吴中陆巷古村 ③

岭绕村庄，湖映轩廊。

石条街、一线天光。

茶楼筝响，酒肆旗张。

抚挑檐亭，紫檀柱，珊瑚窗。

文章第一，宰相无双。

崇耕读、遗泽绵长。

四山果硕，千户书香。

访翰林府，探花第，状元坊。

（四）武进太滆渔村 ④

日晒纲绳，梭绕娉婷。

兼葭拥、楼墅园庭。

来宾叹赏，船嫂欢迎。

品鲫鱼汤，鲤鱼片，银鱼羹。

艇驰龙跃，网撒鹰惊。

浪吟舷、拂面风腥。

渔歌唱晚，舱满鲢鲭。

赏金波晃，炊烟袅，笛音清。

注释

① 本文系作者有感于江苏村庄环境整治行动带来的乡村环境巨变和美丽乡村建设成效而作。

② 深溪圩村三面青山耸立，一溪盘曲如龙穿村而过，两岸桃红柳绿，粉墙黛瓦。

③ 陆巷明代出了名相王鏊，其弟子唐伯虎赞师为"文章第一，宰相无双"。继后又出了多名状元和进士翰林。

④ 太滆渔村的村民们原来世世代代生活在船上，苦不堪言，现在建起了新村，生产生活都充满了诗情画意。